GAGA INSECT RECORD

嘎嘎老師的昆蟲觀察記

林義祥（嘎嘎）著　蕭昀審訂

晨星出版

Contents
目錄

作者序

　　當你拿到這本書時，最想知道書裡會寫些什麼呢？是有關昆蟲的行為？還是作者觀察昆蟲記趣？

　　我一直是個攝影迷，但真正踩進昆蟲攝影才 15 年，時間並不長，卻對我的人生有很大改變。我開始注意大自然中微小的生命，然後反觀自身，覺得要更謙卑對待萬物。我開始架設昆蟲網站，瘋狂地拍照收集各式各樣的昆蟲，到現在即使拍了 8000 多種，相較於台灣已知的 22000 多種昆蟲，還不到總數的三分之一，但我將它們全數轉貼到網頁，這些工作花了我大半輩子的生命，但我並不因此而滿足，因為再多的昆蟲，除了名字和外觀外，我們對於昆蟲還是很陌生，而我最想知道的是昆蟲與大自然和人類間的關係，牠們在想些什麼？那才是我想拍攝的照片主題。

　　《椿象圖鑑》榮獲 2013 年「好書大家讀」，頒獎典禮那天我突然想到，用 100 個主題來寫昆蟲的行為。寫信給晨星出版社，很快獲得執行主編裕苗的同意，寫書的過程中想到一些問題，其實我並沒有能力書寫真正的「行為科學」，科學是要經過驗證的，我只能透過觀察、攝影和昆蟲對話，這才是我的專長。

　　從海邊到高山，從住家到陌生的荒野，曾經多次一個人在 2000 公尺的高山點燈，只為了尋找夜行性昆蟲和蛾類，我不抓標本，但對於造訪燈下的小蟲子，即使 1.5mm 也逃不過我的鏡頭捕捉。一連串觀察結束後，就在車上熄燈休息，群山瞬間恢復寧靜，從清晨拍到深夜，這時才覺得好累，躺在車上一下子就睡著了。隔天，太陽還沒升起，我會先被鳥兒叫醒，接著又是一個全天的工作。

　　我對昆蟲觀察充滿熱情，每當觀察到昆蟲間的各種互動，總是會有多種趣味聯想。例如我曾見過一隻黑棘蟻從芒草端爬過來，恰巧遇到大蝦殼椿象擋路，螞蟻猶豫片刻，似乎在說「嘿！大哥，借過一下！」然而椿象根本懶得理牠，這時小螞蟻擺擺頭，不客氣地從牠背上跨過去。牠的六隻腳踩踏著椿象的胸部、頭部、眼睛等部位，大大方方地朝著前方邁進，然而大蝦殼椿象身體動也不動，僅張開眼看了一下，似乎是在嘀咕「真是一隻不懂禮貌的螞蟻」，然後閉起眼睛繼續享受牠的日光浴。

　　我非常喜歡這樣觀察昆蟲，每個主題都有一個故事，拍照過程發現一些事情，我就會用鏡頭呈現該焦點。直到現在，我才體悟為了把昆蟲拍得浪漫唯美，其實得不償失，而一方面也慶幸當初我的選擇是正確的，那就是用「好奇」和「感動」記錄所見所知的昆蟲。

　　我也秉持著此心情來完成這本書，呈現給長期鼓勵、支持我的朋友們，或許你早已從「嘎嘎昆蟲網」看過這些故事，然而這本書是我這輩子所拍數十萬張照片的濃縮，對我是一份紀念，對於喜愛昆蟲、生態攝影的朋友，或許也能帶給你一些靈感。

　　最後，感謝蕭昀的協助審定，長期使用「嘎嘎昆蟲網」的小、大朋友，以及不斷提供資訊與鑑定的學術專家，還要感謝家人的支持，這本書才能出版。

chapter

1

Insect Record

prod

生命的奧祕

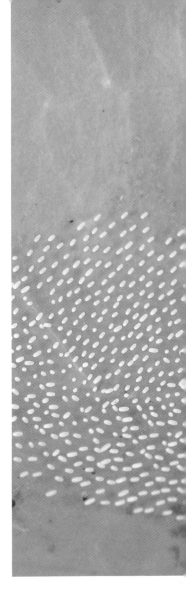

01
驚見螳蛉產卵

脈翅目 | 螳蛉科
台灣簡脈螳蛉 *Necyla formosana*

　　螳蛉頭部寬大，具黑色的細頸，腹部肥胖，翅膀網絲狀，左右各有一個醒目的痣斑，外觀擬態螳螂。友人在他學校一棵茄苳樹上發現螳蛉產卵，隔天我便開車南下，那時雌螳蛉已經產下 800 多粒卵了。

　　原來螳蛉產卵時是將卵平鋪葉面，一次產下近千粒，實在驚人。卵呈線狀排列，第一列約 17 粒，前幾列較鬆散，第八列以後排列緊密，一列約 25 粒。我們架設梯子爬到樹上拍照，螳蛉雖受到閃光燈干擾但並未離開，待我回到車上拿另一顆 65mm 鏡頭回來時，螳蛉就不見了。朋友說牠飛走後還會再回來，果真不久後螳蛉又回到原來的地方，看起來像在產卵或護卵。

　　原先以為卵是平鋪葉面，然而友人從側面拍到在卵的下方有許多細絲，一粒卵約 0.3mm，上頭有一個

📷 日期： 101 年 4 月 6 日
　　地點： 白河（台南市）

1 2 3 ｜ **1_** 台灣簡脈螳蛉雄蟲，腹端有一對尾突。**2_** 近千粒的卵規則平鋪排列在葉面上。**3_** 隱約可見卵粒下方有根細絲撐著。

攝影條件 F16　T 1 ／ 30　ISO400 閃光燈補光

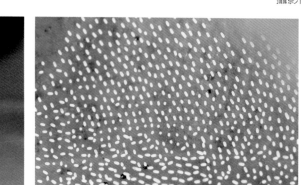

香腸般的結點，下端由一條肉眼看不到的絲線繫在葉上，絲縱長約卵粒的 2～3
倍，從視窗看過去彷彿水晶矗立叢林中，也像是舞台上的水舞表演，如夢似幻，
真是美麗啊！

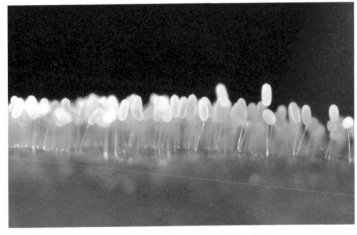

以 65mm 微距鏡從側面
拍攝，發現所有的卵都豎
立起來，絲縱長約卵粒的
2～3 倍。

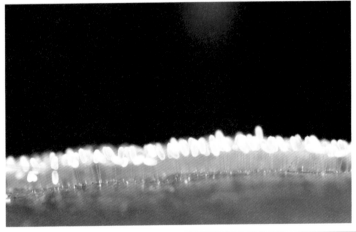

宛如舞台上的水舞噴泉，
如夢似幻，真美啊！

主 題 延 伸

跟螳蛉一樣屬脈翅目昆蟲的草蛉，牠的卵
也有很長的絲繫著，目的是防止孵化後的
幼蟲自相殘殺；卵離開地面也可能因透氣
而順利孵化，或者防止天敵捕食。

拍攝地點／獅頭山（苗栗）

攝影條件 F16 T1 / 15 ISO400 閃光燈補光

02
青楓蚜蟲胎生寶寶

半翅目 | 斑蚜科
青楓蚜蟲

日期：101 年 3 月 2 日
地點：三峽（新北市）

　　青楓樹上發現一隻有翅膀的蚜蟲，牠高舉腹部以胎生方式，使勁力氣將寶寶生下來。我趕緊架好腳架以慢速快門加閃光燈補光拍照，用 65mm 的微距鏡頭能清楚拍攝到細節和自然光背景；當主體位於陰暗處時，能襯托出更鮮豔的色澤；當主體位於明亮處時，背景會變得較為柔和。

　　蚜蟲媽媽用盡全身力氣生下寶寶，將其輕輕地放在枝條上，寶寶的腹部先著地，與哺乳

類頭部朝下不同。剛生下來的若蟲呈綠色，能向前爬行尋找嫩葉吸食汁液，獨立生活。

　　蚜蟲又稱「蜜蟲」，能吸食大量植物汁液後排出具有醣類的「蜜露」，提供螞蟻食用而形成「共生關係」。大多數蚜蟲在春、夏季以孤雌生殖方式胎生，到了秋季，低溫刺激牠們的下一代有了雄性，即可進行有性生殖。蚜蟲通常無翅，但當寄主環境變差或蚜蟲數量過於擁擠時，某些種類的蚜蟲會有具翅膀的後代，以擴散到其他的食物源領域。

主體處於明亮處時，可以呈現柔和的自然背景。

主題延伸

白尾紅蚜，身體呈紅色，腹管黑色，尾片白色。當春天來臨，無翅的成蟲以胎生方式繁殖下一代。這是種常見的蚜蟲，寄主昭和草、山萵苣、兔兒菜等菊科植物，集體群居，終年可見。

拍攝地點／水上（嘉義）

1
2 3
4

1_ 主體處於陰暗處時，使用閃光燈，背景就變黑了，但色澤會更有層次、鮮豔。**2_** 青楓蚜蟲以胎生的方式將小寶寶生出來，輕放在枝條上，前後約10分鐘，寶寶終於誕生了。**3_** 蚜蟲媽媽有點累的向前傾斜，若蟲一生出來就能爬行。**4_** 剛生下來的若蟲呈現綠色。牠正向前尋找嫩葉以吸食植物汁液，開始過著獨立生活。

03
東方果實蠅產卵

雙翅目 | 果實蠅科
東方果實蠅 *Bactrocera dorsalis*

　　中秋連假在小南海湖邊，發現一種番荔枝科的鷹爪花果實上有隻東方果實蠅，雌蟲在果實上來回爬行，直到靜止在某一個點，我才弄懂牠想做什麼。

　　東方果實蠅在一個舊的小洞上伸出產卵管準備產卵，產下卵後離開，然後在果面繞了一圈又回到原來的位置，繼續在相同的小洞產卵。觀察 6 分鐘之久，這隻果實蠅總共產卵 6 次，每次產卵後都會繞著果面爬行，但總在相同的位置或舊洞上產卵，不會另戳新洞。

　　牠產卵時很專注，讓我有機會拍到各種角度的畫面。地面有許多掉落的熟果，撥開其中一個發現有數隻像蛆般的幼蟲，果肉被咀出許多凹陷的坑洞，原來遭果實蠅產卵後的果實很快就會掉落。幼蟲漸至終

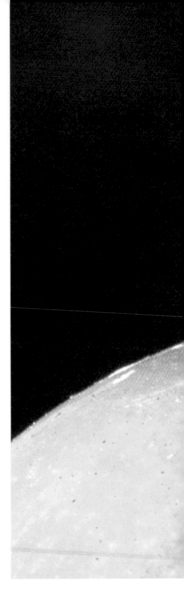

日期： 96 年 9 月 22 日
地點： 小南海（台南）

1 2 3 | **1_** 在台南小南海的湖邊散步，發現這種鷹爪花的果實上有一隻東方果實蠅。**2_** 雌蟲在果實上來回爬行，直到靜止在某一個點，我才弄懂牠想做什麼。**3_** 雌蟲在一個小洞上產卵，我以側面角度拍攝。

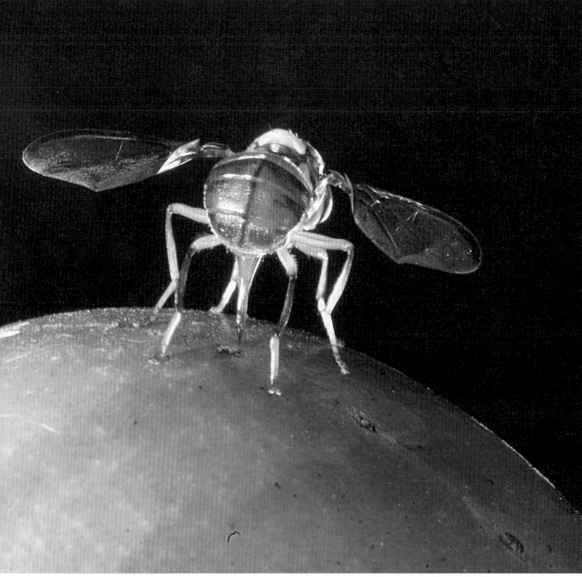

攝影條件 F11 T1 / 100 ISO200 閃光燈補光

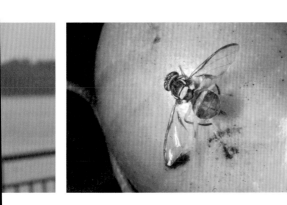

從後方角度拍攝光線更是漂亮。產卵管準備插入洞裡，果實上可見好多洞排列成一條直線。

齡，黃色的果肉也變成黑色，發現一隻成熟的幼蟲竟是用跳的方式從果實裡出來。在地面跳了幾下後，即鑽進枯葉的底層裡，不久後牠應該會在地底下化蛹了吧！

被產卵後的果實不久就會掉落，地面有許多掉落的熟果，撥開其中一顆發現好幾隻像蛆般的幼蟲。

主 題 延 伸

東方果實蠅擠在九層塔的枝條，這些都是雄蟲，九層塔含有一種「丁香酚」的成分，這種成分能吸引雌蟲，所以雄蟲才來攝取。「甲基丁香酚」在農業上可作為生物防治，果實蠅的雄蟲會被誘引死在容器裡。

拍攝地點／水上（嘉義）

攝影條件 F16 T1 ／ 60 ISO200 閃光燈補光

04
茄二十八星
瓢蟲產卵

鞘翅目 | 瓢蟲科
茄二十八星瓢蟲
Henosepilachna vigintioctopunctata

日期：98 年 8 月 27 日
地點：南庄（苗栗）

茄二十八星瓢蟲是一種常見瓢蟲，植食性，喜歡吃龍葵和茄科植物，幾乎有龍葵的地方就能看到牠的蹤影，成蟲和幼蟲群聚將葉子咬得千瘡百孔，由於數量很多，許多拍照的人總是視而不見。

有天和友人到苗栗山區，朋友發現草叢裡的茄二十八星瓢蟲產卵了。我從腹端近距離拍了一張，突然感到一股說不出的感動，因此決定將整個產卵過程拍攝下來。但實際情況並不

容易，因為瓢蟲媽媽產卵速度很快，發現時已經產下 7 粒卵，不到 10 秒鐘就產下
10 粒，大約每秒鐘產下一粒卵，加上景深的關係對焦有點困難，不斷的按壓快門，
最後拍到一張剛從腹端產卵的瞬間。

　　瓢蟲媽媽產卵前會先在葉面鋪上黏液以利附著，卵是豎立的，我總是貪婪的
近拍半身像，還來不及拍攝環境，瓢蟲媽媽就產完卵準備離開，讓我有點意猶未
盡。之後趕緊換上另一支鏡頭補拍全景，這時瓢蟲媽媽已經躲到隱密的枝葉裡，
葉面留下 37 顆晶瑩剔透的黃色卵粒，等待美好的一天孵化。

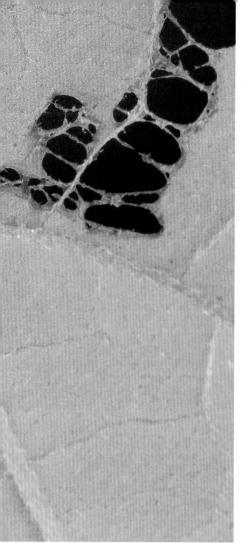

2
1 3
4

1_ 發現茄二十八星瓢蟲時，已經產下 7 粒卵。2_ 瓢蟲媽媽產卵前會先在葉面鋪上黏液，再產卵附著，卵是豎立的。3_ 平均每一秒鐘產下一粒卵，產卵速度驚人。4_ 還來不及拍攝環境，瓢蟲媽媽已經產完卵準備離開。

主題延伸

六條瓢蟲為肉食性，以獵捕蚜蟲為食。

我在礁溪路邊看到龍葵，便翻動葉子尋找，但卻不是茄二十八星瓢蟲的幼蟲，而是六條瓢蟲正在大快朵頤取食茄二十八星瓢蟲的卵。

拍攝地點／礁溪（宜蘭）

攝影條件 F16 T1 ／ 30 ISO200 閃光燈補光

05
各種蝴蝶的卵

鱗翅目｜鳳蝶科

黃裳鳳蝶 *Troides aeacus formosanus*

蝴蝶主要分為鳳蝶科、粉蝶科、灰蝶科、蛺蝶科和弄蝶科，各科有些共同特徵，只要掌握大小、顏色、斑紋和姿態等重點，大概就能辨識其為哪種蝶類。

除了欣賞蝴蝶的姿態，其生活史也很有趣。蝴蝶的卵很小，卻是攝影同好最喜愛的題材。拍卵要用大約 100mm 微距鏡，再加一個倍鏡就行了，不過最好搭配微距鏡專用的閃光燈，因為景的深淺，使用最小光圈時若沒有足夠的

日期： 100 年 9 月 20 日
地點： 大坪國小（新竹）

光源，就不容易拍好。

　　每張照片對我來說都有一段故事。昔日在服務的學校校門口有一棵小樟樹，我發現青帶鳳蝶飛來產卵，有 4 粒卵分別被產在枝條上，過了幾天再來觀察，竟只剩 2 粒，心想難道被鳥吃了嗎？因為附近常有白頭翁飛來，幼蟲會被吃掉，卵也有可能被吃吧？

　　卵粒透過微距鏡放大看起來很壯觀，各種不同科的卵也別具特色，像是黃裳鳳蝶的卵顏色最鮮豔，斑蝶的卵最大，像炮彈一樣，粉蝶的卵狹長彷彿美術燈，小灰蝶的卵有如小白球，這些照片相當值得我們一看再看，每次觀賞都有不同樂趣。

黃裳鳳蝶有閃亮的黃色斑紋。墾丁（屏東）

主 題 延 伸

蛾類約有 4600 多種，其卵的型態更是多樣。大灰枯葉蛾的卵呈圓形，端部有枚圓形褐斑，放大看像是一籃雞蛋。成蟲會趨光，常見於燈光下產卵。畫面其中一顆卵可能遭某種天敵寄生，已破殼羽化。

拍攝地點／烏來（新北市）

青帶鳳蝶產卵於樟樹的枝條。瑞芳（新北市）

大白斑蝶的卵最大，像炮彈。木柵（新北市）

琉璃蛺蝶的卵呈綠色，白色條紋讓它看起來像楊桃。安坑（新北市）

端紅蝶的卵狹長，像一盞橙色的美術燈。安坑（新北市）

霧社綠小灰蝶的卵置於寄主植物休眠芽間，如小白球般。拉拉山（桃園）

發現於魚木上的黑點粉蝶卵粒，淡綠色的外觀像琉璃般，十分精緻。土城（新北市）

黑樹蔭蝶的卵呈圓形，如寶石般，於颱風草上可見。蓬萊（苗栗）

發現於黃椰子上的串珠環蝶卵粒，其外觀呈白色透明狀，有淺紅色條紋。內湖（台北）

攝影條件 F5.6 T1 / 250 ISO400 自然光源

06
柑橘鳳蝶產卵

鱗翅目 | 鳳蝶科

柑橘鳳蝶 *Papilio xuthus*

日期：93 年 7 月 16 日
地點：瑞芳（新北市）

　　這是我很喜歡的一張照片，那年剛買單眼相機，在我服務的學校花園看到柑橘鳳蝶，立刻跑過去拍攝。柑橘鳳蝶在三株柑橘樹周圍飛行，牠以腳探取適合的葉片，將卵產在嫩葉或葉背，然後快速飛離。同樣的動作進行數次，但我只有一次機會近距離對到焦並拍到綠色背景的柑橘鳳蝶。在那個年代出產的相機對焦速度沒有現在快，現在想到柑橘鳳蝶產卵的瞬間和優美的姿態被記錄下來，還真令人懷念。

蝴蝶的複眼內側及觸角具有嗅覺功能，可辨認一公里外花朵的香味。牠的足部除了攀附、步行功能外，也能分辨味道，尤其前足密布著味覺感受器可辨識寄主，因此說蝴蝶媽媽產卵時用「腳」來尋找適合的植物一點也不誇張。

要拍到蝴蝶產卵並不容易，有些種類的蝴蝶只在隱密的環境下產卵，產卵時間都很短，通常在一片葉只會產下一粒卵，分散產卵可避免產卵時被天敵獵捕，或幼蟲孵化後彼此爭食。

1 ｜ **1_** 柑橘鳳蝶的觸角能辨識寄
2 ｜ 主植物的氣味。**2_** 香蕉弄蝶
在晨、昏時候飛到香蕉葉背產
卵，一次產 2 粒卵便飛離。

主 題 延 伸

食蚜蠅幼蟲以蚜蟲為食，雌蟲會選擇蚜蟲棲息的環境產卵，成蟲外觀像蜜蜂，只吃花粉和花蜜。對農夫來說，這種食蚜蠅成蟲可幫助農作物授粉，幼蟲能消滅蚜蟲等害蟲，所以是農夫的好幫手。

拍攝地點／關子嶺（台南）

1 |
2 | 3
4 | 5

1_ 琉璃波紋小灰蝶在台灣葛藤的花苞上產卵，幼蟲取食花苞、花瓣，甚至連未成熟的果實也吃。牠在產下卵粒後，會從尾端分泌膠狀泡沫，將卵包在裡面保護。五寮（新北市）**2_** 淡黃蝶產卵於鐵刀木的新芽上，一次產下一粒，卵孵化時嫩葉剛好長出，適時提供足夠的食物給幼蟲吃。**3_** 黑端豹斑蝶產卵於菫菜科植物，這種植物矮小，參雜在雜亂的草叢，牠靠著敏銳的嗅覺找到寄主產卵。泰平（新北市）**4_** 端紫斑蝶產卵，幼蟲寄主桑科的正榕、台灣榕、薜荔、天仙果等多種植物。南迴公路（台東）**5_** 迷你小灰蝶在墾丁國家公園很常見，雌蟲產卵於寄主花苞，幼蟲以爵床科和馬鞭草科的植物為寄主。墾丁（屏東）

攝影條件 F16 T1 / 30 ISO200 閃光燈補光

07
奎寧角盲椿象
產卵

半翅目 | 盲椿科
奎寧角盲椿象 *Helopeltis cinchonae*

日期：93 年 12 月 29 日
地點：甘露寺（新北市）

接連好幾天都是又濕又冷的天氣，悶在家裡受不了，無論如何今天要出去走一走，於是裹著大衣前往甘露寺。今早人少，路邊的野草也受不了天寒地凍，只見一些蚜蟲，芒草端掛著幾隻斑蝗的屍體，場景有點淒涼。

忽然發現蕨類的葉柄上有一隻落單的奎寧角盲椿象，我猜是凍死了，近看見牠動了一下，再仔細觀察，牠竟然搖擺著身體，忽左忽右，忽前忽後的擺動，看了很久才恍然大悟，原來

是在產卵。這個畫面好動人啊！椿象媽媽怎樣將產卵管插進堅硬的葉柄呢？看牠使盡全身力氣般的搖擺身體，將產卵管戳進葉柄，好久好久才拔出產卵管，然後有氣無力地飛到一旁休息。

奎寧角盲椿象並不像一般昆蟲把卵產在葉背，而是選擇堅硬的葉柄給寶寶棲息，卵藏在葉柄裡安全且舒適。我們常忽略這些卑微的小蟲，看過照片你不覺得昆蟲的母愛跟人類一樣，為了下一代所付出的犧牲是相同的嗎？

奎寧角盲椿象，雌、雄異色，雄黑雌褐。信賢（新北市）

主題延伸

奎寧角盲椿象是半翅目，盲椿科，「盲」是指沒有單眼，但仍有複眼，視力是正常的。停棲時各腳會縮在身體兩側，小盾片上還有一根像天線的管子，外觀像一堆枯枝，牠以這種姿態偽裝。

拍攝地點／山中湖（新北市）

1
2
3

1_ 奎寧角盲椿象在寒冷的冬天，將產卵管插進堅硬的葉柄裡。土城（新北市）2_ 牠使盡全身的力氣，忽左忽右，忽前忽後的搖擺身體。土城（新北市）3_ 前後約 10 分鐘之久才產卵完畢。卵藏在葉柄裡，孵化的若蟲吸食植物汁液。躲在那個不算小的空間，舒適又安全，也不怕天敵騷擾。土城（新北市）

攝影條件 F5.6 T1 / 125 ISO400 自然光源

08
棕長頸捲葉象鼻蟲築巢記

鞘翅目 | 捲葉象鼻蟲科
棕長頸捲葉象鼻蟲

Paratrachelophorus nodicornis

日期：93 年 4 月 16 日
地點：瑞芳（新北市）

在我服務學校，校長告訴我山茶花上有一隻漂亮的象鼻蟲，他帶我去看。啊！這是棕長頸捲葉象鼻蟲要築巢了，牠會做一個像搖籃一樣的「家」給寶寶住。我決定記錄整個過程，從上午 8 點到 11 點 50 分，陪著牠築巢、產卵，拍下 150 多張照片，若換成影片，片長是 3 個小時 50 分。

看完整個築巢過程，內心的感動難以筆墨形容。搖籃蟲媽媽選定這片不太嫩也不太老的

1_ 捲葉象鼻蟲選定這片不太嫩也不太老的葉子，從上端割下一道切線。

2_ 牠在葉面戳洞破壞組織，以利於折葉作業。

5_ 捲葉象鼻蟲鬼斧神工的創作，超乎我們的想像。

6_ 最後牠用頭頂住封口。捲葉象鼻蟲築巢的方法完全是物理現象，跟什麼黏液都扯不上關係，這種智慧是誰教牠的呢？

葉子，從上端割下一道切線，剎那間樹葉一分為二。牠在葉片上低著頭來回走動約 40 分鐘，我以為是肚子餓吃了起來，但不是，牠是將葉片戳了一個個小洞，目的是破壞葉片組織。又經過 40 分鐘，牠爬至葉端開始用腳捲葉，再以頭頂住折葉的地方，讓捲葉不會彈回去。過了很久，牠將卵產在捲葉裡，休息片刻又繼續捲葉工程。11 點 20 分牠將最後的葉尖收進捲葉裡，細心的媽媽還上下檢查，確認安全無虞有築好搖籃床，才整理身體、梳洗臉面，然後仰起頭飛離。

3_ 對牠來說，利用雙腳折葉是很辛苦的。

4_ 在捲葉裡產下一粒卵後，爬到上方休息。

7_ 捲葉象鼻蟲費了 3 小時 50 分築巢完畢後飛離。

主 題 延 伸

黑點捲葉象鼻蟲也會築「搖籃」巢，不過牠可能更辛苦了！雄蟲爬到「老婆」背上，一點也不懂體貼。我們可以想像雌蟲築巢所付出的體力，再背著跟牠一樣體重的「老公」，那是何等負擔啊！

拍攝地點／三峽（新北市）

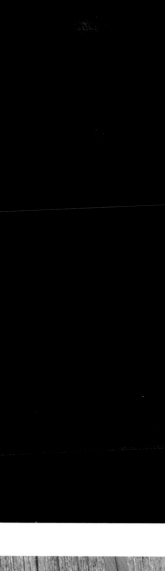

09
青黃枯葉蛾產卵

鱗翅目 | 枯葉蛾科
青黃枯葉蛾 *Trabala vishnou guttata*

　　這天跟台北市政府一群生態保育志工到陽明山苗圃賞蟲，有人發現一隻外形奇怪的毛毛蟲，可是不會動，試著掀開牠的腹部竟斷成兩截，但卻讓我清楚看到覆蓋在毛叢底下的東西，原來不是毛毛蟲，而是青黃枯葉蛾的卵列。

　　青黃枯葉蛾雌雄異色，雄蟲綠色，雌蟲黃色，停棲時後翅前緣會明顯超過前翅。雌蟲產卵很特別，卵粒排列成條狀，上面附著雌蛾媽媽腹部末端的毛狀鱗片，這是產卵時脫落黏在卵上的，看起來像是繩子，又像一條不怎麼好吃的毛毛蟲，讓天敵看了起不了胃口。

　　蛾類的卵通常呈圓形，裸露，以大灰枯葉蛾來說，一次可產下 200 多粒卵，在沒有偽裝保護下，只

日期：96 年 6 月 3 日
地點：陽明山（台北）

1 2 3 |　**1_** 青黃枯葉蛾，雄蟲綠色。觀霧（新竹）**2_** 卵列上覆著雌蛾媽媽腹部末端的毛狀鱗片，形態像一隻不怎麼好吃的毛毛蟲。**3_** 卵圓形，雌蛾媽媽在產卵時將鱗片「拔」起黏在卵上。

攝影條件 F8 T1／60 ISO400 閃光燈補光

有極少數的卵能孵化成功，其他將被天敵捕食。青黃枯葉蛾的卵產量不多，但受到毛狀鱗片保護，孵化的成功率顯然較高，而幼蟲和蛹的毛刺對天敵也會造成威脅，加上利用多種植物寄主，所以這種蛾成為優勢種，幼蟲到處可見，數量很多。

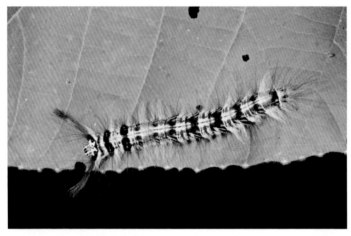

幼蟲具多種顏色，有嚇人的長毛，但使人皮膚過敏的部分並不是長毛，而是藏在裡面的短毛。關渡（台北）

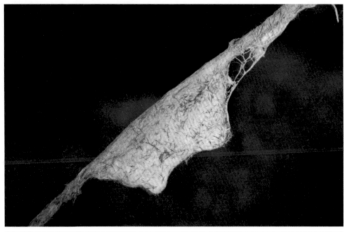

蛹受到繭的保護，呈袋狀。終齡幼蟲也以身上的毛編織而成，外觀堅固，這是牠忍痛「拔」毛化蛹的偉大創作喔！竹南（苗栗）

主 題 延 伸

姬白污燈蛾產卵時以平鋪方式排列，這些卵也受到蛾媽媽的愛心保護。牠會「拔」下自己腹部的鱗毛覆蓋在卵上。卵孵化後，幼蟲以觀音座蓮的葉片為食。頭部紅色，體背黑色具刺突，俗稱「小紅豆」。

拍攝地點／石壁（雲林）

攝影條件 F16 T1 / 60 ISO100 閃光燈光源

010
黃角椿象護卵

半翅目 | 兜椿科

黃角椿象 *Coridius chinensis*

日期：96 年 5 月 31 日
地點：南庄（苗栗）

發現這隻黃角椿象時，牠已產完 28 粒卵，卵白色，塊狀，呈長條狀排列。我撥開雜草近距離拍攝，閃光燈並無驚動到牠，相反地牠高舉右後腳，碰觸卵列後又舉左腳去碰觸。突然感到一種不安，這種心情來自於黃角椿象媽媽對我透露的訊息，雖然看不懂表情，但可以感覺牠更堅定的守護卵列，完全不怕我，而是發自母愛的本能護卵。我退回去，告訴自己，不應該貪心，也許可以再拍得更漂亮，但對於眼前所見的情景，用心體會有時更甚於影像本身。

常在山上遇到一群人圍著一隻小灰蝶拚命的按快門，小灰蝶受到強光干擾，一時失去反應不動，這一群貪婪的「攝影師」便毫不留情的狂按快門，以各種角度和閃光燈拍攝，直到小灰蝶飛走才肯罷休。有時我也會用這種人類本位的價值獵取所需，但隨著拍照的年紀越大，越覺得用這種態度是不好的，我們應該向大自然學習，以更謙卑的心去看待這些小蟲。

黃角椿象，兜椿科，觸角端部黃色。

主題延伸

黃盾背椿象也很有「母愛」，雌蟲護卵、護幼時間很久，從多次觀察中，讓我懷疑牠的體色是否跟某些鳥類育雛一樣，體背會失去光澤或斑紋消失以隱藏於環境中，避免被天敵捕食。

拍攝地點／瑞芳（新北市）

1
  2
3

1_ 黃角椿象以右腳觸碰卵粒，檢查一下卵有沒有被偷走。**2_** 接著再以左腳碰觸卵粒，確定卵安全才安心。**3_** 黃角椿象的卵塊狀，白色，排列成長條狀。

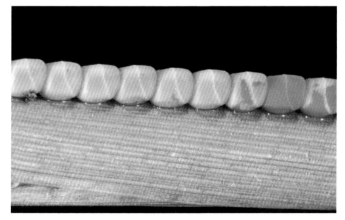

011
負子蟲爸爸育嬰記

半翅目 | 負椿科

負子蟲 *Diplonychus esakii*

　　住在北埔的友人帶我到一個他所熟悉的池塘，池面長滿浮萍等水生植物，他用網子往水底撈，每一次都撈到幾隻負子蟲，我便將牠們放在容器裡拍照。

　　其中有隻負子蟲爲雄蟲，背上背著將近 70 粒卵，卵呈長筒狀，淡黃褐色，這些卵從負子蟲爸爸的前胸背板緊密排列到腹端。

　　負子蟲棲息於池塘、沼澤或水田裡，雌蟲不會背卵，而是將卵產在「老公」的背上，爲了防止這些卵掉落，在產卵前雌蟲會先鋪上膠狀物質以附著卵粒，產完卵後，照顧寶寶的責任就由雄蟲一肩扛起，直到孵化，若蟲能獨立生活才離開。這段約二周的「育嬰期」，負子蟲爸爸必需保護卵粒不受到天敵獵食，並不斷浮出水面讓卵獲取適量的空氣。

📷

日期： 95 年 10 月 12 日
地點： 北埔（新竹）

1 2 3 | **1_** 負子蟲靠腹部的氣孔呼吸，體側有細小的毛叢能阻隔水形成空氣膜，而其腹端也有短小的呼吸管，可浮出水面呼吸。**2_** 若蟲身體淡綠色，無翅，生活於水中，以捕食小魚、蚊、蠅或蜻蜓的稚蟲為食。**3_** 負子蟲也會趨光，夜晚在燈光下可發現牠們的蹤影，但牠們不能長期處在沒有水分的環境，所以會再飛回池塘。六甲（台南）

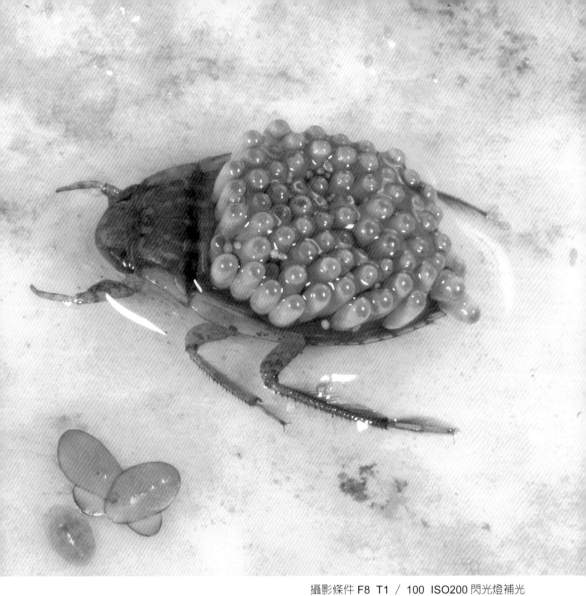

攝影條件 F8 T1 ／ 100 ISO200 閃光燈補光

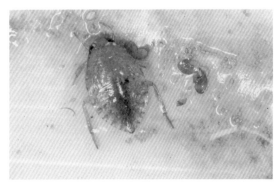

有人認為負子蟲媽媽太不負責任，這麼說就有點不公平了，因為負子蟲媽媽無法將卵產在自己的背上，卵也不能產在水中，否則會因沒有空氣而無法孵化，只好託人照顧，因此負子蟲爸爸成為廣為人知的「模範父親」了！

負子蟲雄蟲，是細心盡職的「模範父親」。

主 題 延 伸

榕薊馬身體細長，觸角念珠狀，口器刺吸式，翅膀羽纓狀，不擅飛行，通常以捲葉為巢，若蟲與成蟲混居。我在龜山島拍到非捲葉式的棲息，2隻大型的薊馬一左一右保護著若蟲，這種行為很特殊。

拍攝地點／龜山島（宜蘭）

攝影條件 F8 T1 ／ 125 ISO400 閃光燈補光

012
細蝶產卵

鱗翅目｜蛺蝶科

細蝶 *Acraea issoria formosana*

📷

日期：93 年 8 月 9 日
地點：北橫（桃園）

在北橫蘇樂橋上拍到一隻細蝶，當時蘇樂橋還沒被沖毀，附近蝴蝶很多，現在蓋了新橋，河床變寬了，但生態環境已不如從前。

細蝶將卵產在寄主植物葉背，一次約產下 200 粒卵，卵黃色。細蝶並不像一般蝴蝶一次只產下一粒卵，而是一口氣將肚子裡的卵通通產下，這樣的行為要花很多時間且消耗體力，也容易遭受天敵捕食。

我觀察很久，深怕干擾到牠，事實上牠專注產卵，似乎不在意有人窺視。當卵已產得差不多，即將大功告成之際，沒想到牠竟從葉片上掉落，由於橋下是溪流，我無法看到細蝶是否被水沖走，也許被樹枝擋下來了。蝴蝶產卵總是來去匆匆，想看清楚並不容易，但牠與眾不同，一次把所有的卵產在同片葉子上，還好幼蟲寄主的蕁麻科植物並不匱乏，足夠養活上百隻幼蟲直到羽化。

　　每次看到細蝶，腦海就浮現細蝶媽媽產卵和掉落溪谷的畫面，對我來說照片不再是美不美的問題，而是背後所引發的感動。

幼蟲群聚，聲勢之壯大讓天敵不敢靠近。觀霧（新竹）

主題延伸

榕透翅毒蛾，雌蟲黃白色，雄蟲黑褐色，翅膀透明。幼蟲以桑科榕屬植物寄主，剛羽化的雌蟲立刻被在一旁等待的雄蟲交尾。

拍攝地點／瑞芳（新北市）

1_ 雄蝶體型比雌蝶小很多。佐倉（花蓮）
2_ 雌細蝶剛羽化，在旁等候的雄蝶立刻上前交尾。瑞芳（新北市）**3_** 交尾後，雄蝶會將錐形的受精囊硬塊留在雌蝶腹部的交尾孔上，讓其他雄蝶無法來交尾，以確保自己的基因能夠留傳。

攝影條件 F8 T1 / 60 ISO400 閃光燈補光

013
黑點白蠶蛾的卵

鱗翅目 | 蠶蛾科

黑點白蠶蛾 *Ernolatia moorei*

日期：99 年 7 月 28 日
地點：太極嶺（新北市）

山上有一棵榕樹，樹葉被蟲咬得千瘡百孔，有人在樹下活動，卻不知道這棵榕樹被一種叫黑點白蠶蛾的昆蟲啃食。這種蟲外觀很像家蠶，俗稱「野蠶蛾」。

如果靠近觀察，你會驚訝樹幹、樹枝布滿粗壯的毛毛蟲，其身體顏色和樹皮幾乎一模一樣。天啊！數百隻毛毛蟲爬在樹幹上，我們怎麼都沒發現呢？觀察整棵樹，發現好多黑點白蠶蛾的卵，卵呈條狀，排成 9 ～ 10 列，有 5 ～

6 層堆疊，卵上有一些毛狀鱗片，晶瑩剔透散發出生命的光澤。我又找到很多白色蠶繭，橢圓形，有些置於葉上，有些置於樹根或欄杆隙縫裡。

也許你看到那些令人作噁的毛毛蟲，就不再有興趣觀察這一棵樹了。對於昆蟲我們不應有美和醜的成見，因為生命都是平等的。其實照片拍出來的卵非常漂亮，看了也許你會改變觀點，而以「不分別心」、「歡喜心」接受這些幼蟲、成蟲，以及這棵樹的故事。

黑點白蠶蛾，成蟲白色，翅端有一枚黑色斑點。太極嶺 (新北市)

主 題 延 伸

樹上可發現許多跟食物鏈有關的昆蟲。叉角厲椿象以刺吸式口器吸食黑點白蠶蛾的蛹；釉小蜂以蛹寄生；一隻植食性的東方白點花金龜也將頭部鑽進蛹裡，這些都是黑點白蠶蛾的天敵。

拍攝地點 / 太極嶺（新北市）

1_ 這棵榕樹被蟲咬的千瘡百孔。2_ 樹幹布滿粗壯的毛毛蟲，
體色幾乎跟樹皮一模一樣，這種偽裝伎倆實在太高明了。3_
黑點白蠶蛾的卵產在樹幹上，以條狀排列。4_ 晶瑩剔透的卵
像一串串項鍊。5_ 卵若產在枝條上，會以 5～6 層堆疊起來。
6_ 黑點白蠶蛾的繭呈白色，橢圓形，形態很像家蠶的繭。

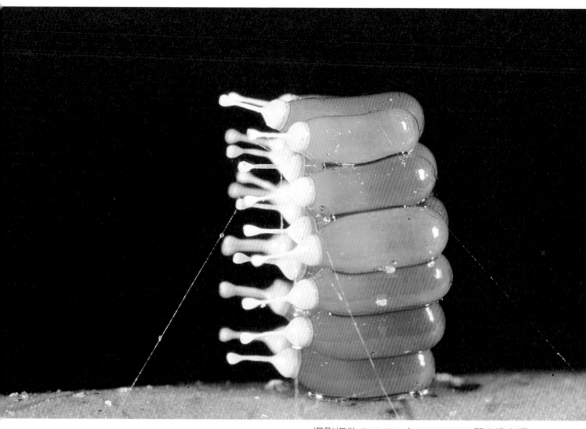

攝影條件 F16 T1／60 ISO200 閃光燈光源

014
白斑素獵椿象
的番茄汁奶瓶

半翅目 | 獵椿科

白斑素獵椿象 *Epidaus sexspinus*

日期： 94 年 11 月 6 日
地點： 烏來（新北市）

我在烏來山區的一棵樹上，發現葉片的背面有一堆椿象的卵，呈瓶子狀，端部有個奶嘴狀的蓋子，模樣像是裝了番茄汁的奶瓶。我用微距鏡搭配閃光拍下來，畫面顏色鮮豔，栩栩如生。

「番茄汁奶瓶」共有 14 個，左右各 7 個堆疊，後來才知道這是白斑素獵椿象的卵，從此我開始拍照收集各種椿象的卵。

椿象的卵隨著科別不同，形態和顏色也各異其趣。黑竹緣椿象的卵排成 2 列很像項鍊；瘤緣椿象的卵像魚肝油丸；華溝盾椿象的卵像玻璃珠；篩豆龜椿象的卵蓋有鋸齒，有些卵像蛋黃酥，有些散發出金屬光澤，但這些形態各異的卵都有一個共同特徵，那就是卵上有個蓋子，這是與其他昆蟲的卵最不一樣的地方。原來椿象的口器是刺吸式，剛孵化的若蟲不具大顎無法咬破卵殼，因此需要一個蓋子，再用「破卵器」將蓋子頂開爬出來，你是不是覺得牠們很有趣呢！

白斑素獵椿象的前胸背板有 4 枚棘刺，體背布滿白斑。溪頭（南投）

主 題 延 伸

許多椿象的卵上方都有一個蓋子，孵化的若蟲就是用頭頂的骨化破卵器，將卵蓋頂開爬出來，這個黑色的破卵器就留在殼上，卵殼邊緣整齊。卵若是被寄生蜂寄生，羽化時就是直接以大顎咬破，殼口會呈不規則碎裂。

拍攝地點／觀霧（新竹）

1 2
3 4
1_ 白斑素獵椿象的卵高高堆疊，有些許絲線纏繞，可能是用來固定避免傾倒。崁頭山（台南）**2_** 黑角嗯獵椿象的卵，緊密堆疊像片狀的仙人掌。北埔（新竹）**3_** 瘤緣椿象的卵呈橢圓形，分散排列，像許多魚肝油丸。梅山（嘉義）**4_** 黑竹緣椿象的卵呈長條狀，很像項鍊。大武山（台東）

1 2
3 4
1_ 盾椿象的卵外形像是玻璃珠。利嘉（台東）**2_** 篩豆龜椿象的卵呈白色，蓋子邊緣有鋸齒。中和（新北市）**3_** 厲椿象的卵具金屬光澤。草嶺（雲林）**4_** 彩椿象的卵像藥罐子。大坑（台中）

攝影條件 F16 T1 ／ 60 ISO200 閃光燈光源

015
黃斑椿象的
圓桌會議

半翅目 | 椿科

黃斑椿象 *Erthesina fullo*

日期： 100 年 5 月 9 日
地點： 淡水（新北市）

黃斑椿象常見於台灣欒樹等多種行道樹上吸食樹液，由於數量龐大，被誤以為「蟲蟲危機」的話題討論。在黃斑椿象寄主植物樹幹或地面可找到卵和不同齡的若蟲，其中若蟲孵化後圍聚在空殼旁，像召開一場圓桌會議般最為有趣，許多攝影同好都拍過這個畫面。

初齡若蟲外觀橙紅色具黑色橫紋，有趣的是卵幾乎都是 12 粒，以 3-4-3-2 的順序排列，靠右邊 3 粒，靠左邊是 2 粒。卵淡黃綠色，孵

化後的空殼呈白色，上方有一個圓形的蓋子，完全打開或只開一個隙縫，內有一個黑色的破卵器。若蟲爬出來後都乖乖的圍在空殼旁，形成一個大圓圈，好像是場圓桌會議，不知道牠們在討論什麼？

　　但也有例外，我多次在枝條或芒草葉上發現，剛孵化的黃斑椿象並沒有圍成一個圓圈，原來環境不允許牠們排成圓形，只好在枝條上堆疊，但細數卵的數量還是 12 粒。

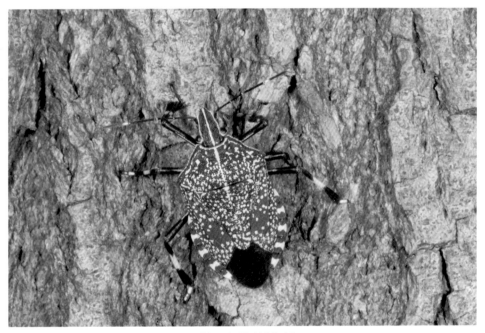

黃斑椿象體背密布白色碎斑，具良好保護色。板橋（新北市）

主題延伸

在大坑山上拍到彩椿象，若蟲群集於寄主植物山柑科的毛瓣蝴蝶木上，卵 12 粒但排成 2 列，孵化出 11 隻若蟲，圍成橢圓。彩椿象的卵像是藥罐子，上頭還有圖案，很漂亮。

拍攝地點／大坑（台中）

1_ 剛孵化的黃斑椿象，卵 12 粒，若蟲卻只有 9 隻，可能有 3 個卵沒孵化成功，也有可能這 3 隻若蟲有「任務」離開，稍後還會回來吧！烏來（新北市）2_ 黃斑椿象的卵若產在芒草葉上，孵化的若蟲受到環境因素就無法圍成一個大圓圈，只能堆疊在一起。阿里磅（新北市）3_ 在另一片葉下找到黃斑椿象，卻只有 2 隻若蟲，其他的 10 粒卵還在等待孵化，但也可能被蜂類寄生，無法孵化出來。竹興國小（苗栗）

攝影條件 F8 T1 / 100 ISO200 閃光燈補光

016
水虻產卵

雙翅目 | 水虻科

黑水虻 *Hermetia illucens*

日期： 96 年 5 月 2 日
地點： 瑞芳（新北市）

　　在瑞芳公園裡的某個垃圾箱裡，意外觀察到黑水虻產卵行爲，與後來在網路上查到某種黑水虻於垃圾桶產卵的行爲相同。在中國大陸，會利用黑水虻幼蟲有效轉化營養物質，降低垃圾堆積，防止蚊蠅滋生，並開發爲飼料的原料，是動物重要的蛋白質來源。

　　公園垃圾箱附近有數隻水虻飛行，不久牠們停在垃圾箱蓋的隙縫，將尾部伸進去就不動了。停了大約 15 分鐘左右才飛走，基於好奇，

我打開箱蓋查看，赫然見到一堆晶瑩剔透的卵。卵長形，兩端尖，約50粒之多，往下看，裡面還有許多幼蟲和蛹，顯然某些昆蟲以這個環境棲息。

沒計畫要拍水虻，無意中卻變成觀察水虻產卵的生態環境。據相關資料顯示，一隻水虻幼蟲能處理2～3公斤的垃圾，從幼蟲到蛹羽化約35天，能有效抑制蒼蠅繁殖，所以水虻在垃圾箱生活並不是壞事，相反的牠能改善環境衛生，是自然界食物鏈中不可或缺的要角。

1 | 2

1_ 打開箱蓋，赫然看到一堆晶瑩剔透的卵，一隻雌蟲一生可產下1000粒卵。2_ 垃圾箱裡有許多雙翅目的幼蟲和蛹，牠們能處理掉髒亂的垃圾，是自然界食物鏈中不可或缺的一環。

主題延伸

黑水虻繁殖期，雄蟲在空中求偶飛行再抱住雌蟲，落到地面則擺出「一」字形交尾，成蟲不進食，僅5～9天壽命。黑水虻在垃圾桶隙縫產卵，幼蟲以廚餘垃圾等有機質為食，能防止蚊蠅滋生。

拍攝地點／瑞芳（新北市）

chapter

2

Insect Record

覓食行為
大公開

攝影條件 F16 T1 ／ 60 ISO200 閃光燈補光

017
野桐葉上的
早餐

鞘翅目｜吉丁蟲科
蓬萊細矮吉丁蟲
Meliboeus formosanus

日期：93 年 5 月 9 日
地點：觀霧（新竹）

野桐葉片基部有 2 個蜜腺構造，其成分主要有果醣、蔗糖和葡萄糖，會吸引許多昆蟲前來覓食。有次我在芝山岩一天內拍到 5 種昆蟲取食野桐蜜腺，從那次開始只要看到野桐、血桐、白匏子的葉片上有昆蟲就會拍下來，至今拍了 300 多張，物種也從 5 種增加到 30 多種，包括蒼蠅、蛾、金龜子、象鼻蟲、花蚤、鰹節蟲、小蠹蟲、葉蜂和毛毛蟲等，甚至還拍過螢火蟲的幼蟲，幾乎所有昆蟲對野桐的蜜腺都很感興趣。

天下沒有白吃的午餐，野桐為什麼要那麼大方請客呢？原來牠跟螞蟻取得互利共生的關係，免費提供螞蟻取食，而螞蟻對其他入侵者進行驅趕，藉此達到保護野桐枝葉的目的。

　　由多次觀察得知，螞蟻確實具有強烈的領域行為，很少不同種螞蟻一起出現，但是螞蟻這個保鑣並不是全職的，我還曾經拍攝到吉丁蟲、蟻形蟲由雌蟲揹著雄蟲前來補充產卵所需的養分，這表示野桐蜜腺的營養價值是很高的喔！

一對交尾的蟻形蟲前來取食野桐蜜腺。新光部落（新竹）

主 題 延 伸

瓢蟲和螞蟻原本是世仇，螞蟻在享受野桐的甜點時，竟忘了自身任務。我也拍過 2 隻螞蟻各占一盤甜點，一隻舞蛾飛過來卻不敢向前，這表示野桐聘請螞蟻當保鑣還是有用的。

拍攝地點 / 豐珠（新北市）

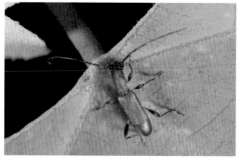

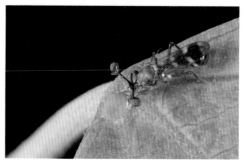

1 2
3 4
5
6

1_ 螞蟻是野桐蜜腺的常客。瑞芳（新北市）**2_** 一片葉子通常只有一種螞蟻占有。雲森瀑布（新北市）**3_** 黑尾棕天牛也來取食蜜腺。瑞芳（新北市）**4_** 四斑柄眼蠅取食蜜腺很專心。瑞芳（新北市）**5_** 紅胸窗螢的幼蟲竟然爬到野桐樹上取食蜜腺。東澳（宜蘭）**6_** 條紋森蠊是一種蟑螂，對野桐蜜腺也很喜歡。大武山（台東）

攝影條件 F11 T1 ／ 60 ISO200 閃光燈補光

018
螞蟻乞食

膜翅目 | 蟻科

矛巨山蟻 *Camponotus carin tipunus*

📷

日期：92 年 9 月 10 日
地點：五分橋（新北市）

我曾拍到一隻螞蟻向體型大牠很多的黑竹緣椿象乞食，過不久又拍到一隻皺家蟻撒嬌似的掛在角蟬的犄角上。通常螞蟻會用觸角碰觸蚜蟲，這時蚜蟲便從肛門排出一滴甜甜的汁液給螞蟻，螞蟻吃過後再以同樣方式向另一隻蚜食乞食，直到肚子撐飽仍不肯離開。

蚜蟲、介殼蟲就是會分泌蜜露給螞蟻的昆蟲，由於蚜蟲大量取食植物汁液，因此會將多餘的蜜露液體通過直腸排出。

蜜露相當於一種排泄物，含有豐富的醣類，因此螞蟻才會以不需勞力的方式取得甜點。

　　在我的昆蟲檔案裡，螞蟻乞食對象幾乎都是半翅目的種類，除蚜蟲外還有木蝨、角蟬、椿象、粉蝨和多種介殼蟲。螞蟻取食蜜露後會分食給同伴，牠以占有食物為由和蚜蟲取得共生關係，但不一定是我們所說的「知恩圖報」。螞蟻會驅趕各種天敵，如瓢蟲、草蛉幼蟲、食蚜蠅幼蟲等，是一種領域性的行為，或許這樣說比較科學吧！

螞蟻英勇威武的模樣。蓮華池（南投）

主題延伸

山黃麻木蝨外形呈白色，條狀，末端球形，也會分泌「蜜露」。這種分泌物有點酸，帶著發酵的氣味。螞蟻向山黃麻木蝨乞食，成蟲和若蟲都會分泌這種「蜜露」，有趣的是它可以像吹氣球一樣膨大。

拍攝地點／瑞慈宮（新北市）

1_ 皺家蟻跟紹德錨角蟬撒嬌，想要點蜜露吃。崁頭山（台南）**2_** 一群雙疣琉璃蟻圍在角蟬身邊乞食蜜露。馬太鞍（花蓮）**3_** 懸巢舉尾蟻和竹莖扁蚜具有共生關係。侯硐（新北市）**4_** 白足扁蟻吸食蜜露後，分食給同伴。甘露寺（新北市）**5_** 介殼蟲會覆蓋蠟的物質然後躲藏其下，但我從沒見過介殼蟲分泌蜜露出來，只見螞蟻在一旁痴痴的等待。五尖山（新北市）

019
螞蟻能趕走瓢蟲嗎?

膜翅目 | 蟻科
黑棘蟻 *Polyrhachis dives*

　　螞蟻、蚜蟲共生關係傳為美談,但我始終對螞蟻有能力趕走瓢蟲感到存疑。

　　法布爾昆蟲記中有段精彩描述:「螞蟻的幸福時光看來不能長久,早就對那些蚜蟲垂涎欲滴的七星瓢蟲,慢慢地爬過來,牠想吃掉蚜蟲。一場「瓢、蟻大戰」不可免,只見螞蟻張開大口去咬七星瓢蟲,誰知七星瓢蟲把6條腿一收,螞蟻便無從下手,這時其他螞蟻過來幫忙要掀翻瓢蟲,七星瓢蟲被螞蟻狠狠咬了一口後,只見螞蟻瞬間好像全部失去戰鬥力似的,個個痛苦地站著發呆。原來七星瓢蟲體內會分泌一種麻醉液體,只能眼看蚜蟲成為七星瓢蟲的肚中之物,無可奈何地另謀出路去了。」

　　法布爾描述螞蟻會咬瓢蟲,並被其臭液麻醉,這

日期: 95 年 1 月 14 日
地點: 南雅 (新北市)

1 2 3 | **1_** 黑棘蟻爬到後方驅趕錨紋瓢蟲。**2_** 舉尾蟻從赤星瓢蟲後方驅趕,但瓢蟲一點也不在乎。**3_** 螞蟻爬到前方,對著瓢蟲吆喝:「你再不走!我就要咬你了!」

攝影條件 F11 T1 ／ 30 ISO200 閃光燈補光

點我倒沒有觀察到，也沒見過一群螞蟻圍過來攻擊瓢蟲，但我多次觀察到螞蟻張開大牙要驅趕瓢蟲，並試圖掀翻瓢蟲，但瓢蟲都不為所動，並沒有如大家所預期的驚慌逃逸。

赤星瓢蟲面對螞蟻的驅趕，轉了身頭部朝下，6隻腳一收緊緊貼在植物上，螞蟻連咬的機會都沒有。

螞蟻爬到側面找到空間想要掀翻瓢蟲。然而，天啊！那麼重，螞蟻一點也動不了牠。

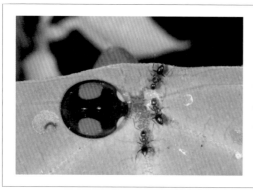

主 題 延 伸

赤星瓢蟲和這3隻體型甚小的螞蟻共享野桐的蜜腺，因為太美味了，螞蟻連吃都來不及，怎麼會想到要驅趕瓢蟲呢？也許螞蟻和瓢蟲的關係，並沒有想像中那麼的「深仇大恨」吧！

拍攝地點／深坑（新北市）

攝影條件 F5.6 T1 / 125 ISO400 閃光燈補光

020
蟻獅的遁形術

脈翅目 | 蟻蛉科
蟻蛉（幼蟲）

📷

日期：99 年 2 月 10 日
地點：長濱（台東）

蟻獅是蟻蛉的幼蟲，習性宛如獅子般兇狠，以沙質地棲息，又稱「沙豬仔」。

蟻獅的巢穴呈漏斗狀，生活於海邊、溪流或乾躁的沙地，由於習性敏感，要見其廬山真面目不容易。我曾在福隆海邊棲地，將枯枝、枯葉丟進沙坑裡，都無法引誘蟻獅出來，原來蟻獅在地底下早就驚覺到我們的腳步聲。後來站在原地不動 10 幾分鐘，終於有機會看到蟻獅噴沙了，我趕緊用手把牠挖出來。觀察蟻獅時

可先將沙鋪在紙上，剛開始牠會裝死，但不用數秒鐘就會翻身以腹端倒插的姿態鑽入沙裡，所以也有人叫牠「倒退牛」。

　　蟻獅的大顎像鉗子一樣發達，當牠感覺有螞蟻等獵物經過，會立刻噴沙讓獵物滑落，這時蟻獅便伸出大顎鉗住並注射毒液麻痺，接著拖入沙裡吸乾體液，食用後會將空殼拋出洞外。然而沙地並不會常有獵物經過，這種「守株待兔」的捕食方式，有時會很長一段時間沒有東西可吃，所以蟻獅的耐飢性很強。

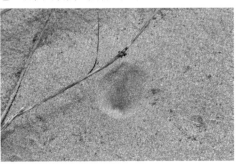

1 2
3

1_ 白斑蟻蛉，蟻獅的成蟲，翅膀末端有白斑。烏來（新北市）**2_** 棲息在台東長濱海邊的蟻獅巢穴。**3_** 這種蟻獅腹面中央兩側有黑色斑點。

主題延伸

虎甲蟲的幼蟲也會挖掘垂直形的巢穴，獵食時利用如糜肉的頭頂住洞口，靜靜地等待螞蟻等小昆蟲經過。一有動靜便突然出來快速咬住獵物拖進洞裡，進食後剩下的殘渣會被拋出洞外。

拍攝地點／建安（新北市）

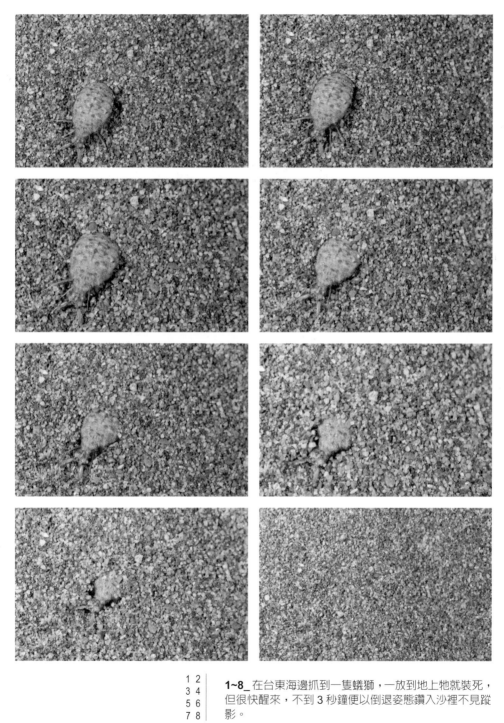

1 2
3 4
5 6
7 8

1~8_ 在台東海邊抓到一隻蟻獅，一放到地上牠就裝死，但很快醒來，不到 3 秒鐘便以倒退姿態鑽入沙裡不見蹤影。

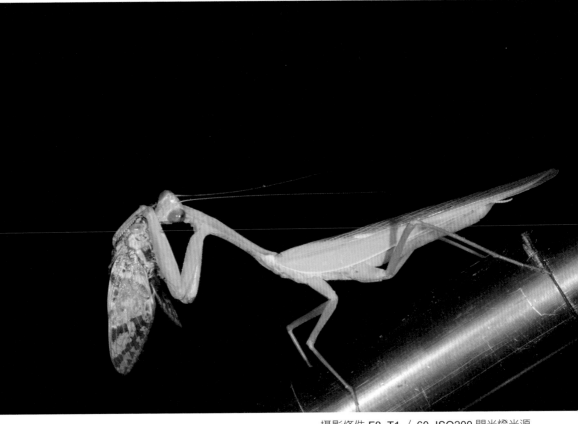

攝影條件 F8 T1／60 ISO200 閃光燈光源

021
螳螂捕食

螳螂目｜螳螂科
台灣寬腹螳螂

Hierodula formosana

📷
日期：95 年 6 月 17 日
地點：銅門（花蓮）

螳螂對多數人來說並不陌生，牠既兇猛又可愛，頭部呈三角形能自由轉動，前腳鐮刀狀能捕捉獵物，有人稱牠為「祈禱蟲」、「草猴」、「預言家」、「螳螂捕蟬，黃雀在後」等多種有趣的描述。牠的外表、動作充滿戲劇性。其實牠很膽小，以保護色隱藏，行動緩慢，擅於擬物，會模仿葉子晃動的姿態走路，以極慢的速度接近獵物，再出奇不意的用前腳捕捉獵物。

有一年我在山區點燈誘蛾，燈光下飛來很

多趨光性的昆蟲，台灣寬腹螳螂也來了，發現牠最喜愛蟋蟀，倒是對蛾興趣不大。可憐的蟋蟀一旦被逮住就無法掙脫，螳螂輕易的抓取獵物，從頭部開始啃食，十分兇殘。

螳螂有超級的捕食能力，即便如此，古書上仍用「螳臂擋車」來比喻自不量力的人。螳螂舉起雙臂想要阻擋車子，當然不可行，難道真是太高估自己的能力而做出愚蠢的舉動？其實牠在昆蟲界算是獵捕高手，但人類要拿牠跟車相比，對螳螂來說也太不公平了！

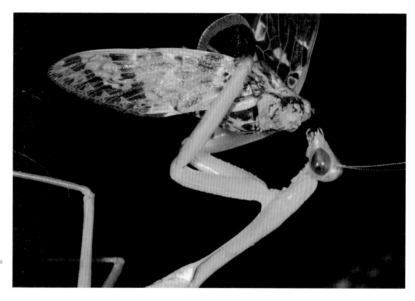

可憐的蟋蟀成
為螳螂的佳餚。

主題延伸

拍到棕靜螳交尾行為，卻不見傳說中「雌螳螂把雄螳螂吃掉」的畫面。網路很多這類的影片，一般來說在台灣並不容易發生，但在食物短缺或飼養環境下，雌螳螂吃雄螳螂的機率會比較高。

拍攝地點／瑞芳（新北市）

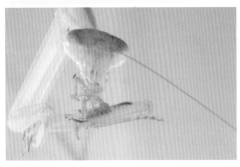

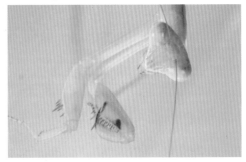

1　
2　3
4　5

1_ 蜜蜂被螳螂的前腳排刺夾住無法掙脫，任其宰割。軍艦岩（台北）
2_ 螳螂具有強壯的大顎，看牠取食的表情，好像陶醉在美食當中。
軍艦岩（台北）**3_** 在某個鐵皮牆上發現一隻螳螂若蟲，牠也具有超
強的獵捕能力，瞬間就捕到一隻弱小的蜘蛛。土城（新北市）**4_** 牠
熟練的以前腳夾住獵物，狼吞虎嚥的吃著。土城（新北市）**5_** 獵物
一下子就被吃光，牠飽足的清洗身體。

攝影條件 F16 T1 ／ 60 ISO100 閃光燈補光

022
取食冇骨消蜜杯的螞蟻

膜翅目｜蟻科

大頭家蟻 *Pheidole* sp.

日期： 98 年 09 月 28 日
地點： 山中湖（新北市）

螞蟻的行為多樣而有趣，可說是拍照的最佳模特兒，然而螞蟻微小好動，器材可要高階一點才行，建議使用單眼相機搭配約 100mm 的微距鏡，最好再加一個倍鏡。由於近距離攝影，在縮小光圈下得使用微距專用的閃光燈，環閃或雙閃。在 M 模式下，可利用閃光燈凍結影像的原理來攝取快速爬行的畫面，若用 TTL 自動測光模式，快門大約 1 ／ 200 秒，有時候仍無法捕捉螞蟻爬行瞬間的影像，但改用 M 模式閃光燈凍結影像就百無一失了。

1
2
3
4
5

1_ 冇骨消花朵白色，細小，基部有黃色杯狀蜜腺，偶爾可見紅色。大武山（台東）**2_** 蓬萊家蟻，分布中、高海拔，通常花叢上僅見一種螞蟻。武陵（台中）**3_** 螞蟻吸食蜜杯，在花朵上爬行就能幫植物授粉。武陵（台中）**4_** 舉尾蟻吸食蜜杯，整個頭部都鑽進去了，十分可愛。山中湖（新北市）**5_** 黑棘蟻取食蜜汁。蘭嶼（台東）

　　我喜歡拍冇骨消花上的昆蟲，基部的蜜杯會吸引很多昆蟲前來覓食，除了螞蟻外還有泥胡蜂、花蚤和蝴蝶等，不過還是螞蟻最好拍，螞蟻不會飛走，一直守住蜜杯不離開，有時還會趕走入侵的昆蟲，把這裡當作牠們的「倉儲」，從低海拔到中海拔到處可見冇骨消開花。

主 題 延 伸

聖誕紅也有一個黃色扁狀的蜜杯,像花瓣的部分是苞葉,每一個蜜杯旁邊長有一個花序,上頭布滿約 1mm 的小花,聖誕紅就是靠蜜杯吸引螞蟻前來幫忙授粉。

拍攝地點／東勢(台中)

攝影條件 F16 T1 ／ 125 ISO400 閃光燈光源

023
昆蟲的口器

膜翅目｜蜜蜂科
義大利蜂

Apis mellifera

日期：96 年 1 月 26 日
地點：土城（新北市）

　　昆蟲的口器構造都不一樣，但基本上是由上唇、大顎、小顎、下唇及舌所構成。各類昆蟲由於取食的環境關係，口器的構造有多種：如蝶、蛾（鱗翅目）的口器是虹吸式；椿象、蟬（半翅目）是刺吸式；蠅、虻（雙翅目）是舔吸式；螽斯、蝗蟲（直翅目）是咀嚼式，但也有一些例外，譬如雙翅目的雌蚊要吸血，口器特化為刺吸式，鍬形蟲有威武的大顎，取食卻用不著，而由特化的鬚毛取食腐果和樹液，口器算是舔吸式。

有一天，我在住家附近的田園拍照，看到許多蜜蜂吸食花蜜，我近距離拍到取食的特寫，有一根細長的「舌」伸進管狀花序裡吸蜜。原來蜜蜂取食花粉時用大顎磨碎花粉再吸食，所以大半的蜂類都是咀吸式口器。

螞蟻也是膜翅目的成員，我拍到很多螞蟻取食野桐蜜腺，蜜腺柔軟，雖然看似用不到大顎，但螞蟻的口器仍是咀嚼式。

螞蟻有發達的大顎，口器是典型的咀嚼式。

主題延伸

食蚜蠅成蟲喜歡訪花吸蜜，牠們是素食主義者，但食蚜蠅幼蟲卻是葷食主義者。幼蟲很凶悍，專門捕食弱小的蚜蟲，所以雙翅目的食蚜蠅，幼蟲是刺吸式口器，成蟲是舐吸式口器。

拍攝地點 / 瑞芳（新北市）

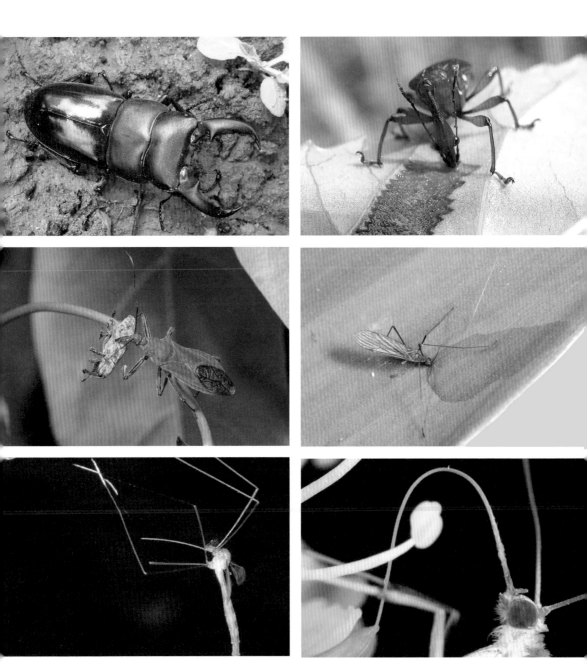

1_ 鍬形蟲具有強大的大顎,但只用來打鬥、武裝自己,在取食時根本用不到。2_ 棕長頸捲葉象鼻利用大顎刮食葉面的纖維,滲出汁液後再用小顎吸食汁液,所以其口器具有咀嚼和吸食的功能。3_ 豔紅獵椿象正在獵食一隻象鼻蟲,取食前先將麻醉劑注入,再吸食獵物的體液。4_ 這隻大蚊靠吸食露水維生,牠具有喙狀口器,卻不會吸人血。5_ 這種松崗象大蚊,具有很長的口器,能深入花朵吸食花蜜,所以大蚊科的某些種類也具有傳授花粉的功勞。6_ 鱗翅目的蝶、蛾類,具有管狀的口器,以虹吸式的原理吸食花蜜,連斑水螟蛾的口器很長,可以吸到其他昆蟲吸不到的蜜汁。

1 2
3 4
5 6

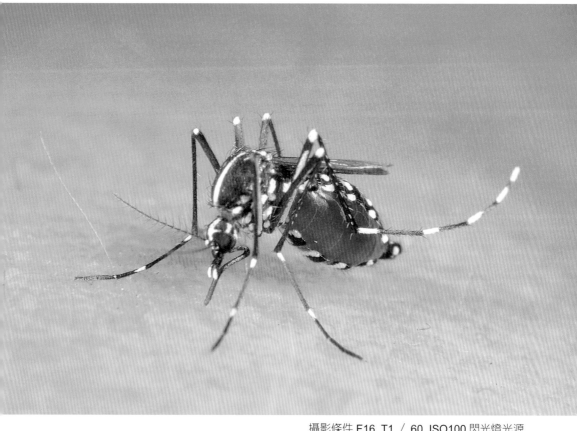

攝影條件 F16 T1 / 60 ISO100 閃光燈光源

024
蚊子怎樣叮人

雙翅目 | 蚊科

白線斑蚊 *Aedes albopictus*

日期：98 年 7 月 5 日
地點：崁頭山（台南）

一般人欣賞昆蟲會以大而漂亮的蝴蝶、鍬形蟲為第一選擇，至於蒼蠅、蟑螂會被列入厭惡的名單中，蚊子、跳蚤更是沒人想去接觸。

剛學攝影時，有一年到台北參加研習，時間還早便在附近的竹林裡拍照，但找不到昆蟲，只好收拾器材，這時竟發現背包上有 2 隻蚊子，仔細一看牠們正在交尾。啊！這種「卑微」的蚊子也要交尾啊！生命是多麼不可思議，從那次開始我便對昆蟲的「平等觀」有了很大轉變。

交尾後雌蚊要產卵繁衍下一代，這是很莊嚴的。因為母蚊產卵完需要足夠的營養，否則就生不出健康的寶寶，我們可以想像母蚊是多麼著急，急著吸血以完成傳宗接代的天職。目前在台灣傳播的登革熱疫情，病媒主要是埃及斑蚊和白線斑蚊。當病媒蚊叮咬患者後，病毒在蚊蟲體內增殖 8 ～ 12 天，病毒就會至病媒蚊的唾液腺，再叮咬其他健康的人，就會將病毒傳出，這隻病媒蚊終生都具有傳播病毒的能力。

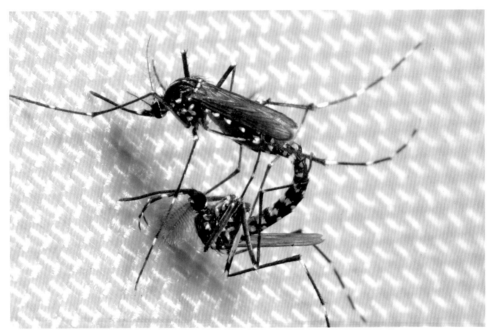

背包上觀察到 2 隻蚊子正在交尾，從那次開始我對昆蟲的「平等觀」有了很大轉變。四獸山（台北）

主題延伸

雌蚊口器由 6 根口針組成，分別是上唇、一對大顎、小顎及一片舌。以針狀小顎刺穿皮膚，被叮後會紅腫、癢，原因是蚊子會排出唾液，防止血液凝固，這種抗凝血劑才是致使皮膚過敏和傳播病毒的主因。

拍攝地點／基隆嶼（基隆）

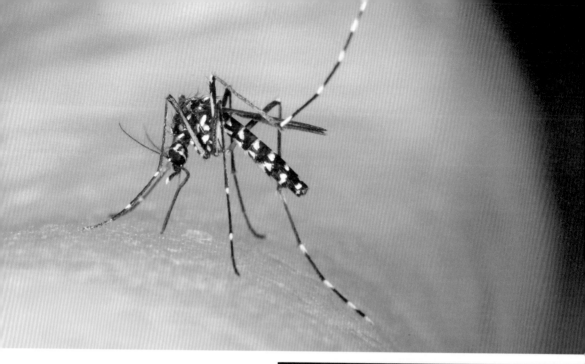

1
  2
3

1_ 在山區拍照時，若發現有蚊子叮我的左手，我會以右手拿相機拍牠，照片越拍越清楚，終於拍到蚊子的口器細節，原來穿刺皮膚的是長得像鋸齒的小顎，真正吸血的「管子」隱藏在裡面。**2_** 待蚊子吸完血飛走後，皮膚才會感覺到紅腫和癢。**3_** 雌蚊吸血後在葉片上休息，不久後會到水邊產卵。

攝影條件 F16 T1 ／ 60 ISO200 閃光燈光源

025
神祕的小黑蚊

雙翅目 | 蠓科

台灣鋏蠓 *Forcipomyia taiwana*

日期：98 年 9 月 13 日
地點：大坑（台中）

　　小黑蚊，分類於蠓科，跟蚊子的蚊科不同，形態和習性也不一樣，幼蟲陸生，不會像蚊子孳生於水中。被小黑蚊叮咬後奇癢、紅腫，狀況比蚊子嚴重。有一天在南部老家和兒子坐在庭院，我對他說：「沒拍過小黑蚊，不知道長得什麼樣子？」兒子伸出手臂說：「是不是這隻？」我一看！僅有一個小黑點，看不出形貌，趕緊用最大倍率的微距鏡拍。啊！真的，這是牠！兒子感到有點痛，問我拍好沒？我說忍耐一下，再拍 1 張就好，這是我第一次拍小黑蚊

的經驗。

　　過了二年和友人在台中大坑拍照，大坑的小黑蚊很多，縱使噴了防蚊液也無效，我被叮咬了好幾口而奇癢無比，其中一次叮在左手臂上，我立刻拿相機拍攝。這次決定要把整個過程拍下來，因此忍痛讓小黑蚊吸飽血液，時間長達數分鐘，眼見牠的腹部鼓脹得跟皮球一樣大，腹端還不停排出液體，最後飛走了，才停止按壓快門。這張照片成為我唯一的體驗，以後再也不敢拍小黑蚊了。

小黑蚊正在叮咬我兒子，這是我第一次拍小黑蚊。水上（嘉義）

小黑蚊體長約 1.4mm，黑褐色，觸角有稀疏的短毛，幼蟲以長有青苔的環境棲息，取食綠藻類。羽化後成蟲可存活 30 餘天，只有雌蟲會吸血。小黑蚊只在白天吸血，晨昏或晚上都不會，當感應到人的氣味才會飛出來吸血，飛行高度通常在 1m 以下，因此小黑蚊不會飛上二樓住家叮人。水上（嘉義）

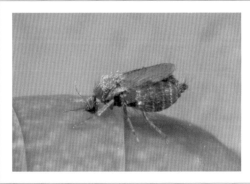

主 題 延 伸

在台灣，蠓科有 163 種，除了台灣鋏蠓和三地鋏蠓外，其他的蠓都不會吸人血。多數的蠓呈褐色或黑褐色，微小，曾見以鱗翅目幼蟲、豆芫菁、盲蛛等為對象吸食其體液，有些種類夜晚會趨光。

拍攝地點／瑞芳（新北市）

攝影條件 F16 T1 / 60 ISO400 閃光燈補光

026
舉尾蟲的點心

長翅目 | 蠍蛉科

楊氏新蠍蛉 *Neopanorpa youngi*

日期：94 年 1 月 17 日
地點：建安（新北市）

初學昆蟲攝影的第一年，在基隆山區看到這種尾巴像蠍尾，頭部細長的昆蟲，覺得牠長相奇怪，總是在人煙稀少的山區出現，後來才知道叫「蠍蛉」。其雄蟲尾端膨大像蠍的螯鉤，習慣上舉，故有「舉尾蟲」名號。

寒流來臨，天氣濕冷，直到這天陽光才稍微露臉，山上的蟲蟲們都出來晒太陽了。看到捲葉象鼻蟲、瓢蟲、螳螂和許多蚊、蠅等，發現牠們的活動力都很弱，有些是凍僵了，有些

是餓扁了，其中一隻蠍蛉飛到我的手上，用狹長口器刮食我皮膚上的「食物」，是什麼物質讓牠流連忘返？

　　當蟲爬到身上，要是以前的我會驚嚇甩掉，現在反而覺得像是交了新朋友，樂意讓牠取食，並感到一陣溫暖。前不久到三峽山區也碰到一隻果實蠅在我手上舔了許久，我讓牠舔個高興，因為知道牠不會螫人。這種情況常發生在冬天或初春這種食物來源短缺的季節，昆蟲才會饑不擇食，吃相很有趣。

舉尾蟲，雌蟲尾端沒有蠍狀的螫鉤。中正山（台北）

主題延伸

黃槿是一種海濱植物，因海邊風大，昆蟲棲息不易。我在黃槿葉背發現好幾種瓢蟲在基部吸食「蜜露」。雖然都是肉食性的瓢蟲，但在食物短缺下，也會改變取食的來源。

拍攝地點／　鼓（嘉義）

1
2 3
4

1_ 東方果實蠅，在冬天飛到我的手臂上舔食，大概餓慌了，顧不了對象是誰。手臂上或許有某種礦物質吸引牠，由於這種蠅不會螫人，因此就放心地讓牠舔。滿月圓（新北市）
2_ 長鞘寬頭實蠅，果實蠅科，平常都在大花咸豐草的花朵上吸蜜。去年冬天這對交尾的長鞘寬頭實蠅飛到我的左手臂，我用右手拿相機拍牠。青雲路（新北市）**3_** 初春，一隻紅邊黃小灰蝶也飛到我的手上吸食體液。土城（新北市）**4_** 越來越喜歡這些小精靈，一隻棕長頸捲葉象鼻蟲飛到我的手指頭上。山中湖（新北市）

攝影條件 F11 T1 ／ 125 ISO400 閃光燈補光

027
食蟲虻的獵食

雙翅目 | 食蟲虻科
大琉璃食蟲虻 *Microstylum oberthiiri*

📷
日期： 93 年 7 月 13 日
地點： 二格（新北市）

　　食蟲虻又稱盜虻，身體粗壯多毛，胸背板隆突渾厚，複眼很大，左右分開，觸角短，3 節，末節端部有一芒刺，口器長而堅硬，擅於刺吸捕食獵物。常見於開闊環境捕捉飛行中的昆蟲，再飛到附近隱密的枝葉間進食，習性兇猛，但不會對人畜吸血。

　　大琉璃食蟲虻是最大的食蟲虻之一，翅膀具藍色的金屬光澤，我多次在林下遇到牠，曾經看到牠捕食暮蟬，習性靈敏。食蟲虻捕食畫

面我拍得很多，每次都拍到牠以尖銳的口器穿透獵物，不論金花蟲、蜜蜂、大蚊、葉蟬、蒼蠅等，牠都能熟練的對準要害攻擊，近攝這些畫面用血淋淋來形容牠的冷血殘忍一點也不為過。

　　食蟲虻稱得上是昆蟲界的殺人魔，我曾在土城山區一個幽暗林下，拍到一隻食蟲虻刺穿一隻金花蟲，食蟲虻七彩的複眼對照金花蟲無奈的眼神，這個畫面令人驚悚，經常浮現腦海，印象深刻。

食蟲虻七彩的複眼對照獵物的眼神。土城（新北市）

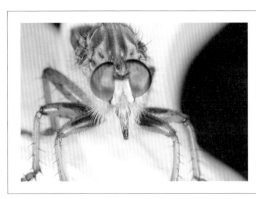

主題延伸

食蟲虻視力很好，複眼大，具七彩光澤，這種謎樣的顏色可能跟牠捕食有關，令獵物心生恐懼。複眼下方密生鬃毛，可防止獵物掙扎傷害到眼睛，是一種很好的保護措施。

拍攝地點／惠蓀（南投）

1　2
　3
　　4

1_ 食蟲虻具尖銳的刺吸式
口器，這是牠最厲害的武
器，能直接刺穿要害捕食。
雙連埤（宜蘭）2_ 食蟲虻
獵食後清洗前腳，尤其跗
節是獵取和取食的器官，
隨時保持乾淨以增加靈敏
度。北橫（宜蘭）3_ 食蟲
虻從背部刺穿端六星金花
蟲，並以毒液麻痺，瞬間
受害者無法動彈。加九寮
（新北市）4_ 從正面拍攝
食蟲虻獵食蒼蠅，一大一
小對照，可見牠多麼凶狠。
西寶（花蓮）

028

蒼蠅為什麼那麼討人厭？

雙翅目 | 麗蠅科

大頭麗蠅 *Chrysomya megacephala*

　　蒼蠅是指雙翅目環裂下目的通稱，包括家蠅、麗蠅、肉蠅、果蠅等。蒼蠅的口器爲舐吸式，吃東西時用舐的，一般以流質食物爲食，但其唇瓣端具齒，能刺刮固體食物，然而不管取食什麼，牠都要先吐出「嗉囊液」將食物溶解才能吸入，這種邊吃邊吐的壞習慣，才是造成病媒傳播的主因。

　　麗蠅又稱金蠅，成蟲也吃花粉，當果農在憂慮蜜蜂數量，致使水果產量變少時，科學家發現大量繁殖金蠅可取代蜜蜂授粉。這類蒼蠅由卵至成蟲只需 12 ～ 14 天，大量繁殖並不困難，成蠅壽命大約二周，對果農也是功勞一件，這樣說來蒼蠅在人類生活中也扮演著「有用」的角色。

　　我曾經在野外拍到大頭麗蠅進食前吐出「嗉囊

日期：93 年 5 月 30 日
地點：土城（新北市）

1 2 3 | **1_** 取食後會清洗口器及腳，其實牠也很愛清潔。**2_** 大頭麗蠅喜歡舐食糞便，腳上的毛刺和取食前吐出的消化性液體會帶有病菌污染食物，成為傳染疾病的媒介昆蟲。瑞芳（新北市）**3_** 大頭麗蠅在糞便環境交尾，交尾後產卵，卵至成蟲只需 12 天，繁殖速度驚人。土城（新北市）

攝影條件 F11 T1 / 60 ISO400 閃光燈補光

液」的畫面，取食後會清洗口器及腳，若說蒼蠅很髒，其實這是人類對牠的誤解。況且牠長得並不醜，體背具漂亮的金屬光澤，但爲什麼人類那麼討厭牠呢？原來蒼蠅多孳生於垃圾、動物屍體、糞便等環境，成爲傳染疾病的媒介昆蟲。

1
2

1_ 只要有腐果的地方就會有果蠅，牠能穿透紗窗侵入室內，造成食物污染。中和（新北市）**2_** 果蠅喜歡隨風飛行，伴隨氣味找到合適的環境產卵，卵孵化至成蟲只需 7 天，牠可以在垃圾及腐爛的蔬果中完成世代。中和（新北市）

主 題 延 伸

某些蒼蠅喜愛吸食花蜜，果農在芒果樹下放置多個裝著剁碎魚肉的水桶繁殖，一周後能養出龐大數量的金蠅。民國 81 年改成「飼料」配方，不再有魚腥味。經濟又衛生的金蠅授粉，解決了蜜蜂量不足的問題。

拍攝地點／土城（新北市）

攝影條件 F5.6 T1 / 125 ISO200 閃光燈補光

029
蜜蜂採蜜

膜翅目 | 蜜蜂科

義大利蜂 *Apis mellifera*

日期：96 年 12 月 14 日
地點：東勢（台中）

「嗡嗡嗡嗡，嗡嗡嗡嗡，大家一起勤做工，來匆匆，去匆匆，做工興味濃，天暖花好不做工，將來哪裡好過冬，嗡嗡嗡嗡，嗡嗡嗡嗡，別學懶惰蟲。」這是我們小時候愛唱的歌。

蜜蜂製造大量的蜂蜜、花粉和蜂王漿給人類，牠們為了釀蜜要飛行數十公里探蜜，發現蜜源後會用各種舞蹈信號展現給同伴以顯示蜜源位置。蜜蜂體型雖小但飛行速度很快，加上分工合作和勤勞的本性，最為人們所讚美。

經常可見銷售蜜蜂產品的店家會兼擺幾個蜂箱，其中一個蜂箱的進出口有一塊戳了規則的圓洞，採蜜回家的蜜蜂都得鑽進洞口才能回到巢裡，牠們萬萬料想不到辛苦採收的花粉竟因洞口太小，全都掉下來了，這就是「花粉收集器」。這些收集來的上等花粉會以極高的價錢販賣，而店家則用麵粉加果糖的劣質品餵食蜜蜂。

這是有關「蜜蜂故事」另一面不為人知的報導，在大自然的食物鏈裡，人是最高等級的消費者，並以主宰者的角色，理所當然的擷取所有資源。

1	
2	3
4	5

1_ 工蜂的後腳有「花粉籃」能收集花粉。南庄（苗栗）**2_** 蜜蜂辛苦採收的花粉竟因蜂箱洞口太小，全都掉下來了，但牠還是一再的來回採蜜，卻不知道採集的花粉被人類收刮。**3_** 蜂農拆下蜂巢板，再以離心機分離、收集蜂蜜。三芝（新北市）**4_** 蜂農收集花粉販賣。花粉能提供人體所需的營養，具有保健美容，增加免疫力功效。三芝（新北市）**5_** 蜜蜂的產品包括蜂蜜、蜂蠟、蜂王漿、蜂花粉、蜂毒、蜂膠等，包含食品製造和醫藥工業用途。三芝（新北市）

主 題 延 伸

蜂王所產「未受精的卵」發育成雄蜂，如果是「受精卵」則按需要發育成工蜂或新蜂后。蜂王一生都食用蜂王漿，壽命可長達 4～5 年，而雄蜂只能活幾個月，工蜂的平均壽命約 45 天。

拍攝地點／三芝（新北市）

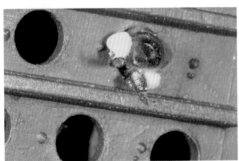

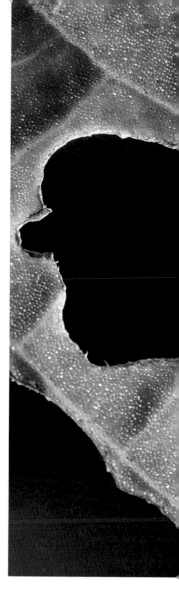

030
昆蟲的咬痕

膜翅目 | 葉蜂科

淡黃葉蜂 *Phymatoceropsis fulvocincta*

　　昆蟲口器結構不同，咬痕的形態也會不一樣，因此從葉片殘留的洞可分辨是何種昆蟲咬的。蝗蟲具有發達的大顎，可直接咀嚼植物莖葉，而椿象具刺吸式口器無法咀嚼，被其吸食汁液後的葉片呈斑點狀，這些都跟口器的構造有關。

　　取食有骨消的葉蜂幼蟲具咀嚼式大顎，牠不像蜜蜂以咀吸式取食，主要是攝食葉片，寄主專一，只要有有骨消植物就很容易發現牠們。葉蜂幼蟲腹足特別多，沒有鉤刺，附著力較差，所以經常要捲曲尾足以勾住枝葉，而這些特徵可輕易分辨葉蜂和蝶蛾幼蟲的不同。

　　姑婆芋葉片上常見橫列的小洞，這些咬痕乃為蝗蟲的傑作，但怎麼會橫向取食且咬得很規則呢？原來

日期： 101 年 2 月 29 日
地點： 土城（新北市）

1 2 3 |　1_ 淡黃葉蜂，成蟲，常出現於有骨消。
2_ 苧麻十星瓢蟲，寄主苧麻，只取食葉片的表層纖維。山中湖（新北市）
3_ 竹節蟲把豔紫荊的葉片咬成許多孔洞，每片葉子都很像鏤雕藝術品。甲仙（台南）

攝影條件 F11 T1 ／ 60 ISO200 閃光燈補光

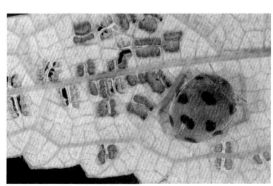

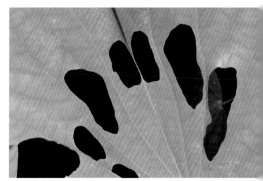

1 | 4
2 |
3 |

1_ 青銅金龜在寄主樹上所留下的咬痕，牠們都在晚上活動，白天不易看到。（高雄糖廠）
2_ 蝗蟲在姑婆芋嫩葉上咬的，老葉後出現這種像剪紙的連續圖案。青龍嶺（新北市）**3_**
擬稻蝗在水芋葉片上留下的咬痕。**4_** 甘藷龜金花蟲在牽牛花葉片的咬痕，孔洞很小，表示
牠們的體型不大。甘露寺（新北市）

葉上的洞不是新咬痕，而是嫩葉捲成筒狀時被咬的，蝗蟲只咬一口，就像剪紙一

樣形成連續性圖案，看到咬痕時都已經變成老葉了。

主 題 延 伸

棕長頸捲葉象鼻蟲取食山桂花，只刮食葉片上的纖維，取食速度很慢，較早刮食的顏色變暗，剛咬的部位呈鮮綠色，有些葉片破了個大洞，那是被取食的纖維經風吹日晒形成的，並非一開始就透空。

拍攝地點／瑞芳（新北市）

031
會吸血的昆蟲

半翅目 | 獵椿科

橫帶錐獵椿象 *Triatoma rubrofasciata*

　　半翅目中有二類昆蟲會吸人血，一種是在過去很普遍的床蝨，其生活在環境較差的地方或公共場所，喜歡躲藏在床鋪隙縫，通常於夜間活動，一但被刺吸式口器吸血，傷口會潰爛；另一種叫橫帶錐獵椿象，也是種會吸血的椿象。

　　某天朋友寄來一張昆蟲照片詢問我物種名稱，他說家人被咬後傷口發炎潰爛，請教當時在中興大學讀博士班的友人，後來得知這種昆蟲叫作錐獵椿。友人要我把蟲寄給他飼養看看，但因我擔心郵寄過程中蟲會餓死，便伸手給牠叮咬。沒想到小的若蟲吸血不會痛，但成蟲刺下去相當疼痛，使得我不敢繼續讓牠吸血，因為看起來挺恐怖的。

　　據報導，有種「錐鼻蟲」會吸食人類血液，寄生

📷

日期：98 年 8 月 17 日
地點：北港路（嘉義）

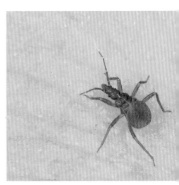

1 2 3 | **1_** 橫帶錐獵椿象，若蟲，也會吸血。**2_** 床蝨，又稱臭蟲，身體極扁，具刺吸式口器，能吸人血，也會吸食鳥、兔、鼠、蝙蝠等小型動物血液。新營（台南）**3_** 貓蚤，俗稱跳蚤，主要寄生於貓、狗身上，人為其臨時的寄主。板橋（新北市）

攝影條件 F16 T1 ／ 60 ISO200 閃光燈光源

其糞便的「錐蟲」經人類搔抓後會從傷口進入人體，這種「查加斯氏病」正在美洲蔓延，造成多人死亡。國內專家表示，雖然台灣也有這種「錐鼻蟲」，但是目前數量很少，而且牠身上寄生的「美洲錐蟲」病源台灣並沒有，所以民眾毋須過度擔心，而報導中所指的「錐鼻蟲」就是橫帶錐獵椿象。

俗稱蚊子，瘧疾、黃熱病、登革熱都因蚊子而傳播。土城（新北市）

台灣鋏蠓，蠓科，通稱小黑蚊，體型極小，肉眼不容易看到，傷口比被蚊子叮還痛癢。大坑山（台中）

主 題 延 伸

螞蝗，通稱水蛭，潛藏林下草叢，具靈敏的嗅覺。被螞蝗咬到時不要驚慌拔除，以免造成更大的傷口。這時應冷靜以火點燃碰觸，或塗抹白花油、綠油精即會脫離。許多人都有被螞蝗咬到的經驗，但牠並不是昆蟲喔！

拍攝地點／福山（宜蘭）

chapter

3

InsectRecord

千變萬化的
美麗外衣

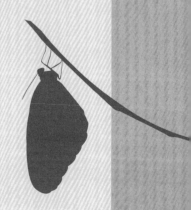

攝影條件 F11 T1 ／ 60 ISO200 閃光燈補光

032
模仿枯葉的
雙色美舟蛾

鱗翅目 | 舟蛾科

雙色美舟蛾 *Uropyia meticulodina*

日期： 96 年 7 月 13 日
地點： 思源啞口（宜蘭）

許多昆蟲都喜歡模仿枯葉，像大家熟悉的枯葉蝶、枯葉蛾。我曾見過黑樹蔭蝶遇到天敵時會像從樹上飄落的枯葉一樣，隱身於落葉中，這種模仿枯葉的技倆具保護色，讓天敵不易找到，是種很有效的避敵術。

我最喜歡雙色美舟蛾，牠模仿枯葉翻捲就像是畫家的畫，相當傳神。我在思源啞口和碧綠拍到牠，但兩次都是在晚上以趨光的型態停棲地面，因此很想知道牠們白天是躲藏在哪

裡？對於蛾類我們所知有限，只知大多數的蛾是在夜晚活動，白天不容易看到，像枯葉夜蛾、大褐斑枯葉蛾、盾天蛾、閃光枯刺蛾、黃帶擬葉夜蛾、豔葉夜蛾等，都是模仿枯葉的高手。

　　雙色美舟蛾分類於舟蛾科，從胸背板到前翅分割成 2 種顏色，較亮的部分還有 3 條斜向的斑紋，外緣呈凹陷的鋸齒，翅面明暗對比明顯，自然的線條宛如翻捲的落葉極富立體感。其實牠的翅膀平平的並無翻捲，許多看過這種蛾的人，都對牠模仿枯葉的維妙維肖技巧感到嘖嘖稱奇。

從正面看翅膀分成 2 種顏色，所以叫「雙色美舟蛾」。

主 題 延 伸

樹上有二片枯葉，左邊的枯葉端部有細長的葉柄，右邊的枯葉一半褐色，一半綠色，乍看都是枯葉。其實右邊是一隻「枯葉尖鼻蛛」，牠的頭在上方，下方是腹部延伸的尾巴，看起來很像枯葉的葉柄。

拍攝地點／虎頭山（桃園）

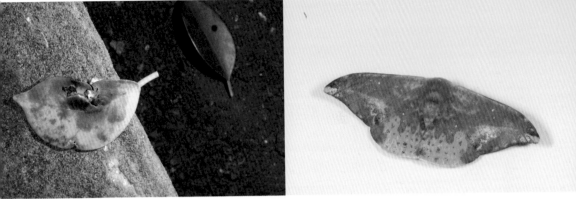

1 2 | **1_** 一片掉落地面的榕樹枯葉。板橋（新北市）**2_** 鉛斑鉤蛾的翅膀很像枯葉，上面有像被蟲咬的蝕痕，斑點、顏色都模仿得很像。天祥（花蓮）

1 2 | **1_** 一片掉落地面，葉緣翻捲的枯葉。板橋（新北市）**2_** 豔葉夜蛾的前翅綠色，但邊緣枯黃色，感覺很像自然翻捲，其實翅面是平的。埔里（南投）

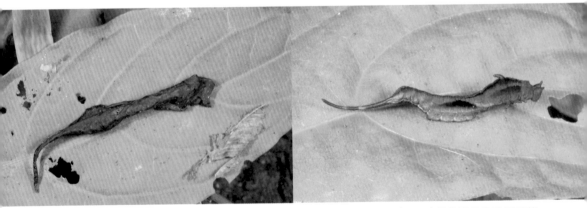

1 2 | **1_** 樹葉上有一片黑褐色的枯葉，捲成長條狀。土城（新北市）**2_** 波帶鉤蛾的幼蟲剛好就在這株植物上，形態很像捲曲的枯葉，後面細長的尾巴像枯葉的葉柄。土城（新北市）

攝影條件 F11 T1／60 ISO200 閃光燈補光

033
模仿地衣的
基黃粉尺蛾

鱗翅目｜尺蛾科

基黃粉尺蛾 *Pingasa ruginaria*

日期：98 年 11 月 19 日
地點：大湖公園（台北）

　　我在大湖公園的某根樹幹上發現許多地衣，形狀不規則，再仔細看地衣上面竟貼著一隻基黃粉尺蛾。這種蛾很常見，但牠的翅膀顏色變成粉綠，斑紋也和樹皮一樣，身體看起來很薄，乍看分不清是地衣還是蛾。牠能隨著環境改變顏色，推測化身為地衣的模樣貼在那裡應該有好幾天了。

　　之後我又在陽明山拍到模仿地衣的高手蓬萊蛾蠟蟬。樹幹分枝處有一些地衣，蓬萊蛾蠟

蟬就貼在地衣上頭，體背的顏色和地衣一模一樣，後來得知並不是所有蓬萊蛾蠟蟬都喜歡用地衣來偽裝。有次在九芎樹上發現全身泛白的個體，而附近的地衣也是白色的；還有一次在太平山見到蓬萊蛾蠟蟬貼在樹葉上，身體則變成綠色。這些發現讓我覺得昆蟲很聰明，也許他們會思考，不然怎麼知道在哪一種環境必須換哪一套衣服呢？

基黃粉尺蛾平貼在樹幹上，形狀很像旁邊的地衣。

主題延伸

雅美翠夜蛾的外形很像另一種地衣，你找得到牠嗎？這種地衣葉片狀，以假根固著在樹幹。地衣生長所需的物質主要來自雨露和塵埃，大部分地衣要求新鮮空氣，因此在人煙稠密或工業城市見不到地衣。

拍攝地點／杉林溪（南投）

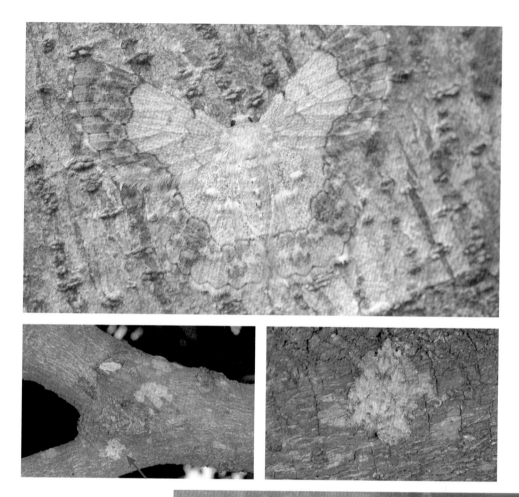

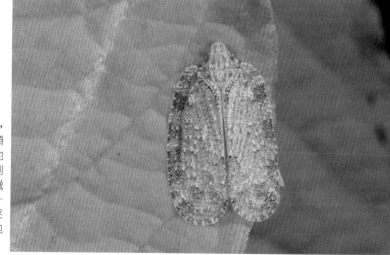

1
2　3
　4

1_ 近看才知道是基黃粉尺蛾，翅膀粉綠色，斑紋跟樹皮很類似。**2_** 蓬萊蛾蠟蟬也喜歡地衣，全身貼在地衣上，要找到牠不容易。**3_** 近看蓬萊蛾蠟蟬，身上的顏色和地衣一模一樣。**4_** 在太平山發現的蓬萊蛾蠟蟬，貼在樹葉上，顏色也變得比較綠。太平山（宜蘭）

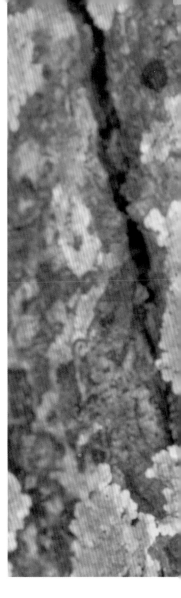

034

模仿地衣的燕裳蛾

鱗翅目｜裳蛾科

燕裳蛾亞科 *Enispa bimaculata*

在宜蘭山區發現一隻偽裝成地衣的幼蟲，牠有一個近似三角形的頭部，外形宛如舉起雙手的人形，平貼在地衣上。我用手碰觸，牠便拱起身體離開，動作像尺蠖蛾，頭尾不容易分辨，但可清楚看到向前爬行那端有三對胸足，中間拱起，末端平貼地面。這表示牠沒有腹足，所以行進時要像量尺一樣，一尺一尺的往前行，但牠們並不是尺蛾科。

自從見過這種行為，之後我都會在有地衣的樹幹上尋找燕裳蛾類幼蟲的身影，觀察牠取食地衣的模樣。牠的頭部能 360 度轉動，將咬碎的地衣黏附在身體的每一個部位。這種幼蟲分類於裳蛾科／燕裳蛾亞科，燕裳蛾類的幼蟲身體沒有密生的毛刺保護，只好以消極的方法將地衣碎屑黏附在身上，將自己隱藏起來。

日期：98 年 2 月 25 日
地點：天祥（花蓮）

1 2 3 ｜ **1_** 某種燕裳蛾類的成蟲。觀霧（新竹）**2_** 地衣中央有一隻很小的昆蟲，牠就是燕裳蛾類的幼蟲。獨立山（宜蘭）**3_** 燕裳蛾類幼蟲受到騷擾便向前爬行，身體拱起像尺蠖蛾。獨立山（宜蘭）

攝影條件 F8 T1 / 125 ISO200 自然光源

有一年在天祥的楓樹上看到很多幼蟲以不同姿態平貼不動，如果沒有觀察牠的經驗，你會很難發現眼前的地衣竟是燕裳蛾類幼蟲。幼蟲化蛹以絲垂掛，繭也裹滿碎屑，一直到羽化「成蛾」才會離開地衣。

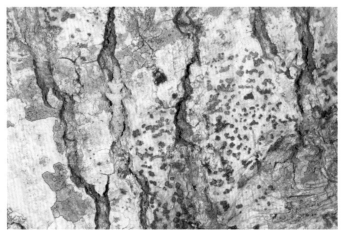

在天祥的一棵楓樹上看到很多燕裳蛾類幼蟲，隱身在地衣的環境裡不容易發現。

燕裳蛾類躲藏在隙縫裡，身體有偽裝的突起，很難想像牠們是一種幼蟲。

主 題 延 伸

砧夜蛾幼蟲跟燕裳蛾類一樣會偽裝，牠啃咬樹幹的碎屑將全身都包裹起來。頭部看起來很大，尾部及背上有突起，連眼睛都蓋住了，但受到騷擾時爬行速度卻很快，情急下也會掉落地面裝死。

拍攝地點／松濤（苗栗）

攝影條件 F8 T1 ／ 125 ISO400 自然光源

035
模仿樹皮的
耳胸葉蟬

半翅目 | 葉蟬科

耳胸葉蟬 *Ledra* sp.

日期： 100 年 3 月 19 日
地點： 和美山（新北市）

樹皮也是昆蟲喜愛模仿的對象，大家所熟悉的琉璃蛺蝶，牠的翅腹面就很像樹皮；扁椿象一生都躲藏在樹皮裡；廣西瘤竹節蟲體態酷似樹皮；黑腰尺蛾貼在樹幹上，一整天也不怕天敵找上門。

我在新店和美山拍到一隻耳胸葉蟬的若蟲，牠棲息在斑紋幾乎跟樹皮一模一樣的樹幹上，或許牠對自己的模仿能力深具信心，因此我拍了很久牠卻一點也不驚慌的待在原地。我

拿照片給友人看，很多人在照片中找不到這隻蟲。耳胸葉蟬是同翅亞目的昆蟲，若蟲無翅，才會以偽裝保護自己；成蟲長了翅膀，遇到騷擾會立刻飛走，跟若蟲的反應完全不一樣。

有二種昆蟲以樹皮命名，「樹皮螳螂」比較稀少，模仿樹皮的功力高超，很多人沒見過這種螳螂；另一種「樹皮蟋蟀」比較多見，白天躲藏在樹皮的隙縫裡，撥開倒木的樹皮就會看到這種蟋蟀，樹棲，不會爬到地面活動。

耳胸葉蟬，若蟲沒有翅膀。

主 題 延 伸

紫線黃舟蛾前翅一半褐色，一半綠色，前半部像剝皮的樹幹，後半長滿青苔，很難想像這些由鱗片構成的翅膀，能夠顯現這麼寫實的圖案，斑紋十分立體。

拍攝地點／埔里（南投）

我將耳胸葉蟬移到另一片樹皮上，牠立刻趴下，一點也不驚慌的待在原地，以為自己的裝扮沒有「人」會發現。

你找到這隻耳胸葉蟬了嗎？原來牠棲息在那裡，若沒有以白線標示還真不容易發現牠。

1 2 | **1_** 樹皮螳螂模仿樹皮的技巧高明，很多人沒見過這種螳螂。南橫（台南）**2_** 撥開倒木的樹皮常會看到樹皮蟋蟀，由於牠是樹棲，因此不會爬到地面活動。惠蓀（南投）

攝影條件 F8 T1／60 ISO400 自然光源（林勁吾攝）

036
模仿蛇頭的
皇蛾

鱗翅目｜天蠶蛾科

皇蛾 *Attacus atlas formosanus*

日期：92 年 8 月 1 日
地點：福山（宜蘭）

一隻剛羽化的皇蛾，腳掛在像袋子的繭上，翅膀上的斑紋鮮豔，翅端各長出一個像蛇頭的突起，上頭有宛如蛇眼的黑點，神態看起來頗為嚇人。

皇蛾分類於天蠶蛾科，共有 16 種，體型都很大，展翅可達 30cm，被認為是全世界最大的蛾，因牠的翅端模仿蛇的頭部，故有「蛇頭蛾」之稱。白天牠通常棲息在隱密的樹林裡，夜晚則會趨光飛到路燈下，大多停在很高的電線桿

上，有時則會停棲在山區的住家牆上。

　　大多數蛾類的幼蟲很像小蛇，像是大斑波紋鉤蛾的幼蟲會模仿百步蛇，台灣茶蠶蛾的幼蟲喜歡壯大聲勢，聚集在一起看起來就像條大蟒蛇，讓天敵見了受到驚嚇而不敢獵食。據傳阿里山有隻「神蝶」經常飛進廟裡，附著在玄天上帝的身上很像珮飾，其實牠就是枯球籮紋蛾。牠的翅膀很像蛇皮，前翅後緣的球狀圖形和細膩的波狀線紋乍看之下又很像畢卡索的畫，不禁讓人讚嘆造物者的巧奪天工啊！

皇蛾在翅端模仿這種蛇，又稱「蛇頭蛾」。利嘉（台東）

主題延伸

端紅蝶幼蟲外形像一條青蛇，主要以山柑科的魚木為寄主，牠用腹端的尾足固定在葉柄基部，身體挺直，除了覓食外，一整天都保持這種警戒狀態，堪稱是一隻最有耐心的小蟲。

拍攝地點／安坑（新北市）

1_ 大斑波紋蛾，幼蟲長得很像百步蛇。冷水坑（新北市）**2_** 鑲落葉夜蛾，經常以這種姿態爬行，身上具有鮮豔的警戒色。陽明山（台北市）**3_** 台灣茶蠶蛾的幼蟲，喜歡群聚壯大聲勢，嚇阻天敵。三峽（新北市）**4_** 枯球籮紋蛾，阿里山區叫牠「神蝶」，體型很大，翅膀上的球狀圖案、斑點和波狀肌理很像蛇皮，在蛾類家族裡十分特別。藤枝（屏東）**5_** 枯球籮紋蛾翅膀上的圖案真是巧奪天工，令人嘆為觀止。阿里山（嘉義）

攝影條件 F16 T1 ／ 60 ISO200 閃光燈補光

037
用來嚇人的黑斑

鱗翅目｜毒蛾科

線茸毒蛾

Calliteara grotei horishanella

日期：97 年 2 月 17 日
地點：青雲路（新北市）

　　線茸毒蛾幼蟲寄主月桃、密花苧麻、姑婆芋等多種植物，會吐絲捲葉為巢。幼蟲躲在巢裡是比曝露在外面安全，但仍有天敵會去啄食捲葉，因此在緊急關頭牠還有一招保命，就是將頭部後方的毛絨掀開，露出一個很大的黑斑嚇唬敵人。牠全身都呈黃色，因此這種黃、黑對比就是最好的警戒色。不過，也常看到牠離巢到處亂爬，或許是有這個保命的黑斑才如此大膽吧！

在昆蟲中還有一種褐帶蛾，其幼蟲身體也是呈現毛絨絨的黃色，棲息時，毛端會呈一束束的小黑點，當遇到危險時會立刻掀開毛叢，露出黑色帶紫的大斑嚇人。有趣的是這二種幼蟲羽化成蟲後，翅膀都是淡褐色，不再有警戒色，而是以近似枯葉的保護色融入環境中。

毒蛾幼蟲保命的伎倆除了捲葉為巢、警戒色外，碰觸到牠身上的毛刺時也會引起過敏，所以看似弱小的毛毛蟲，即使人類也不敢隨意靠近。

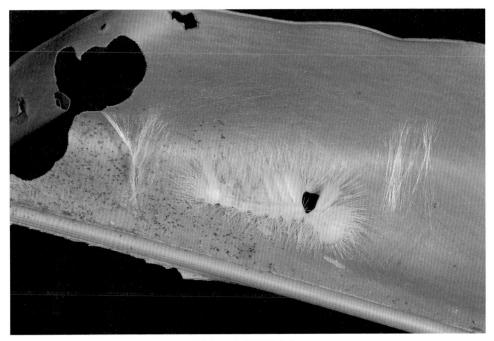

線茸毒蛾幼蟲遇到危急時，頭部後方的黃色黑斑會顯露出來。

主 題 延 伸

豔葉夜蛾，前翅綠色，翅緣黃褐色像翻捲的枯葉，平常只露出前翅貼在樹幹上。若遇到天敵，牠會展開前翅，露出鮮豔的後翅和斑點，其胸背板還有一個模仿人臉的圖騰。

拍攝地點／天祥（花蓮）

1＿ 線茸毒蛾，成蟲淡褐色，以保護色融入環境中。拉拉山（桃園）**2**＿ 褐帶蛾幼蟲黃色，身上的束毛端有黑色斑點。拉拉山（桃園）**3**＿ 褐帶蛾幼蟲遇到天敵，體背的毛束會掀開，露出帶紫色的黑斑嚇人。觀霧（新竹）**4**＿ 褐帶蛾，成蟲不再具有警戒色，以像枯葉的形態隱藏起來。觀霧（新竹）

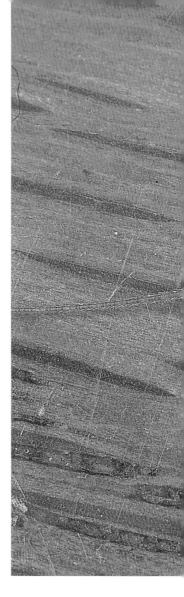

038
衣魚的一生

纓尾目 | 衣魚科

衣魚 *Lepisma saccharina*

　　衣魚外形酷似魚，故有衣魚、蠹魚、銀魚等稱呼，習性懼光，通常於夜晚活動。

　　衣魚出現在地球上有三億年之久，堪稱是地球上的活化石。多數衣魚生活在地面的落葉下，有些棲息在螞蟻、白蟻窩中，而我們最為熟悉的種類則是棲息在住家。

　　衣魚全身披銀白色鱗片，複眼小，單眼退化，觸角絲狀，具咀嚼式口器，其壽命可達 2 ～ 8 年，一生蛻皮多達 60 次。棲息在家中的衣魚以衣物纖維、紙類為食，耐飢性強，連自己脫的皮也吃。繁殖時，雄蟲產下一個用薄紗包住的精囊，雌蟲會找到該精囊，拾取作受精用。雌蟲一次可產約 100 粒卵，家中雖然有衣魚，但對人體無害。

 日期：98 年 2 月 21 日
地點：中和（新北市）

1 2 3 | **1_** 野外的衣魚，棲息於落葉或雜草下。基隆嶼（基隆）**2_** 衣魚身上布滿鱗片，用手摸這些鱗片就會像蝴蝶翅膀上的鱗片一樣脫落。**3_** 衣魚的複眼構造簡單，由 14 ～ 15 顆小眼構成，視力不好，夜行性，以觸角和體側的感覺毛活動。

攝影條件 F16 T1 ／ 60 ISO100 閃光燈光源

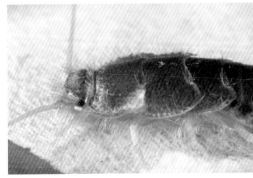

有次一隻衣魚從電腦桌爬過，我以膠帶圈蓋住，上面再蓋上墊板，接著丟下一張衛生紙，沒想到放置一個月後牠還活著。不僅如此，其外形從銀白色的幼體變成深褐色，而紙張被咬的千瘡百孔，且把脫下來的皮都吃掉了。蜘蛛、蠅虎等是衣魚的天敵，遇到天敵時牠會不停地擺動尾絲以誘使天敵獵捕該處，然後牠就能斷尾求生。

1 2 |

1_ 這隻衣魚被我關了一個月，滴水不沾，只吃衛生紙。原來衣魚不需飲水，因為牠們體內組織中有氫元素，吃下的食物與氫產生化學作用，就能自行產生身體所需的水分。**2_** 被衣魚吃掉的衛生紙，上面留下許多咬痕和孔洞。

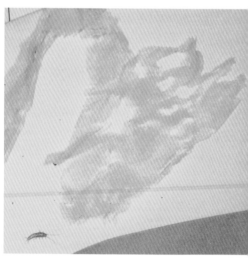

主題延伸

「衣蛾」是一種薲蛾科的蛾類，幼蟲呈圓柱形具環節，生活於住家牆壁或衣櫃，能咬碎屑吐絲結巢，形狀像一個扁袋子。幼蟲以衣物、毛料等纖維為食，夜晚在燈光下可見到羽化後的成蟲飛行。

拍攝地點／板橋（新北市）

攝影條件 F16 T1 / 60 ISO200 閃光燈光源

039
暮蟬的羽化

半翅目 | 蟬科

小暮蟬 *Tanna viridis*

日期：93 年 7 月 20 日
地點：清境（南投）

　　我在清境民宿的柵欄上發現一隻準備羽化的蟬，那時牠的胸部背板已經裂開，因此我決定用相機把整個過程紀錄下來。當時已經晚上八點，經過半個小時的等待，蛹背的外殼完全裂開，再過 8 分鐘，終於露出兩顆烏黑的眼睛。這時胸部隆突，腹部漸漸收窄，羽化的速度加快，5 分鐘後翅膀抽出來了，身體往後傾斜 90度，6 分鐘後腳也全部抽出來。我越拍越激動，幾乎跟不上牠的節奏，這時又看到牠使盡力氣挺身，六隻腳攀在舊殼上，翅膀垂放，全身皆

1_ 首先看到蛹的胸背板裂開一條縫。

2_ 大約經過半個多小時，可見兩顆烏黑的眼睛。

5_ 再以仰臥起坐般的力道，將六隻腳攀在舊殼上，翅膀垂放。

6_ 全身都顯露出來，翅膀也漸漸擴大。

顯露出來掛在蛹殼上，翅膀漸漸擴大。我趕緊又加一支小閃光燈，以讓身體呈現透明微亮的氣氛。這時我已經忘了計數時間，只知拍完最後一張，翅脈已清晰可見，這時時間也來到九點半，前後大約花了一個半小時。

隔天早上再去尋找這隻蟬的蹤影牠就不見了，只留下空殼，由於附近聽到很多小暮蟬的叫聲，我猜想這些蟬應該就是在昨晚羽化，而且數量不少。

羽化過程看似簡單，其實內部乃由劇烈變動產生，因此有人把一個人的思想達到一定的層次，領悟到人生最高境界的比喻，就好像「羽化」一樣。

3_ 小暮蟬的翅膀露出來了！

4_ 六隻腳也露出來，身體與蛹呈 90 度。

7_ 經過 1 個半小時，翅脈清晰可見。

8_ 最後變成綠色，隔日太陽出來前牠會飛走。

主題延伸

大白斑蝶羽化的前一天，蛹殼呈透明狀，蛹內會分泌一種液體，這時翅膀花紋清晰可見，當液體充滿全身到翅膀時，蝴蝶的身體和蛹殼分離，破蛹而出，羽化成蝶。羽化的過程都在晚上進行，清晨飛離。

拍攝地點／安坑（新北市）

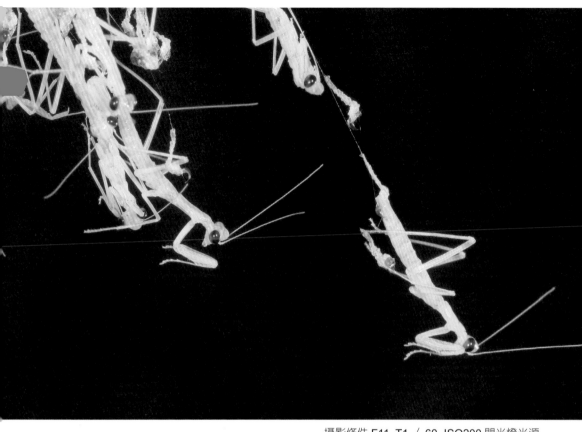

攝影條件 F11 T1 / 60 ISO200 閃光燈光源

040
螳螂的孵化

螳螂目 | 螳螂科

寬腹螳螂 *Hierodula bipapilla*

日期：94 年 5 月 4 日
地點：芝山岩（台北）

　　把大螳螂和寬腹螳螂的螵蛸帶回家，到了某一個晚上，發現有隻像蛆的蟲以蠕動姿勢從螵蛸鑽了出來，眼睛好大。不到 5 分鐘，又有蟲從另一個孔洞一隻接著一隻鑽出來，數都來不及，一下子全都掉落到桌上層層相疊。這時，最早鑽出來的那隻伸展著六隻腳，仔細一看！原來是大螳螂的若蟲，數一數共有 50 隻，彷彿事先約定，牠們都一起誕生到這個世界。到了隔日，寬腹螳螂的螵蛸也孵化了，然而不同種的若蟲會互相殘殺。

同年 5 月，我在芝山岩一處隱密林下，發現寬腹螳螂的螵蛸，剛孵化的若蟲從洞裡鑽出，腹部末端繫著一條絲線倒掛在半空中，許多若蟲擠在一起，並從腹端蛻皮黏在絲線上。原來剛孵化的若蟲會馬上蛻皮，蛻皮後才算是一齡若蟲。

　　掛在絲線上的若蟲於空中搖盪，好像馬戲團表演鋼索的舞者。過了一段時間後，牠們都垂降到地面，多數的若蟲會沿著前面的腳步往另一棵樹上爬，躲到枝葉間開始學習覓食，經過 8 ～ 9 次蛻皮後來到成蟲階段，這就是螳螂的一生。

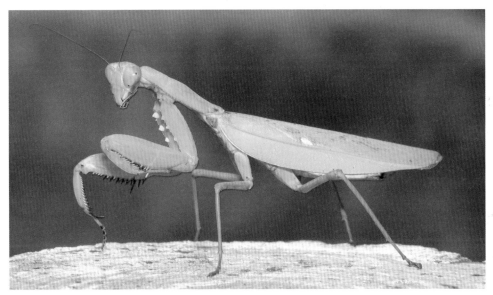

寬腹螳螂的成蟲，前翅各有一枚白斑。山中湖（新北市）

主 題 延 伸

剛羽化的「蜉蝣」必須經過蛻皮才算成蟲，未蛻皮前叫「亞成蟲」，翅膀不透明。成蟲翅膀透明，生命很短，交配後雌蟲會把卵產在水中，每粒卵都具伸展的纖毛，能纏附水草或水底的砂石等待孵化。

拍攝地點 / 貢寮（新北市）

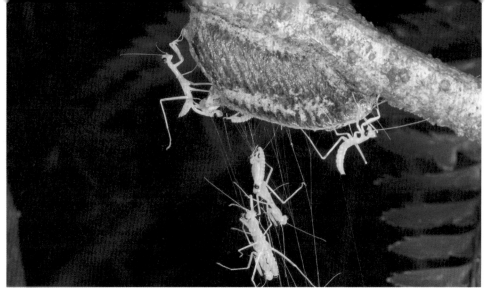

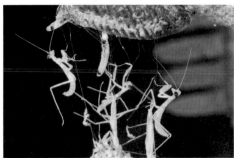

1_ 寬腹螳螂的螵蛸，孵化出若蟲。
2_ 若蟲扭動身體從洞孔中鑽出。**3_**
數量很多的若蟲在同一時間孵化，
拉出一條絲垂掛。**4_** 剛孵化的若蟲
身體嫩黃，掛在絲線上準備蛻皮，
蛻皮後成為一齡若蟲。**5_** 這是大
螳螂的螵蛸，形狀鬆軟寬大，牠們
好像事先約定般一起誕生到這個世
界。板橋（新北市）

攝影條件 F16 T1 / 60 ISO400 閃光燈光源

041
擬態—誰像誰？

鞘翅目 | 擬步行蟲科

瓢擬步行蟲 *Derispia* sp.

📷
日期：94 年 3 月 15 日
地點：明池（宜蘭）

擬態，是指一種生物為了活命，模擬另一種生物而獲得好處的現象。擬態的形式有：（一）貝氏擬態，為無毒害物種，藉由模擬有害物種而獲利；（二）穆氏擬態，為兩種皆不可口的物種彼此擬態，使獵食者無法辨識而保命；（三）侵略性擬態，為掠食者擬態為無害物種，以欺騙行為取得獵物。

就字義來說，擬態還真不容易懂。在山上拍照常常被一些斑紋近似的昆蟲欺騙，像是在

潮濕多苔蘚的樹幹或岩石上看到很多顏色鮮豔的瓢蟲，拚命的按快門捕捉畫面，最後才知道牠們並不是瓢蟲，而是一種瓢擬步行蟲；即便看到常見的螞蟻也會受騙，其實牠們是蛛緣椿象、花螳螂的若蟲，有些蟻蛛長相跟螞蟻微妙微肖。許多昆蟲幼生期都偏愛擬態螞蟻，因為螞蟻具有大顎、蟻酸或螫針，天敵都不敢攝食，擬態者透過擬態能夠保命，觀察這種行為真的是十分有趣。

小豔瓢蟲，觸角較細且尖，具絨毛。甘露寺（新北市）

主題延伸

日本蟻蛛，即使牠也能注射麻醉劑獵捕小昆蟲，但跟螞蟻相比還是略遜一籌，所以蟻蛛也喜愛擬態螞蟻，可從蟻蛛的八隻腳和頭、胸癒合來區分牠不是螞蟻。

拍攝地點／土城（新北市）

1 2 | **1_** 台灣雙尾燕蝶，翅膀上的黑色條紋內具銀色光澤。土城（新北市）　**2_** 姬雙尾燕蝶，翅膀上的黑色條紋內不具銀色光澤。上巴陵（桃園）

1 2 | **1_** 鹿野氏黑脈螢，翅鞘粉紅色，觸角呈鋸齒狀。土城（新北市）　**2_** 紅螢，翅鞘橙褐色，觸角不呈鋸齒狀。翠峰（南投）

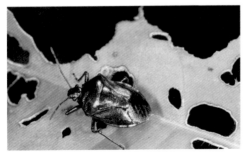

1 2 | **1_** 藍益椿象擬態緬甸藍葉蚤，喜歡潛入牠的寄主植物環境裡獵食若蟲。霧台（屏東）**2_** 緬甸藍葉蚤成為被擬態對象，變成受害者。陽明山（台北）

1 2 | **1_** 蟻形蟲擬態螞蟻，可從觸角分辨。獅額山（台南）**2_** 雙稜虹蟻具有攻擊能力，成為被擬態對象，辨識上可從膝狀的觸角區分。甘露寺（新北市）

攝影條件 F5.6 T1 / 60 ISO400 閃光燈補光

042
被鬼臉天蛾
嚇到了

鱗翅目 | 天蛾科

鬼臉天蛾 *Acherontia lachesis*

日期：94 年 7 月 8 日
地點：二子坪（台北）

世界上有沒有鬼呢？大概僅止於傳說吧！但有一種具「鬼臉」的天蛾真的很像鬼。

某天我到陽明山二子坪公園，那天煙霧彌漫，暮蟬如怨如慕，如泣如訴的鳴叫，當時遊客都已下山，我在幽深的樹林裡發現一個怪老翁詭魅的貼在樹幹，若站若坐獠牙張嘴瞪著我。牠就是聲名遠播的「鬼臉天蛾」。再看這個老翁也很像禪定的高僧，頭上戴著灰色布巾，右邊露出巾瓣，兩眼端正，神情泰然，不過那紅

色大牙讓人猜不透是善是惡？是魔鬼還是高僧？後來，我在鞍馬山莊的路燈下又再次看到牠，這次我就用手去摸那張鬼臉，沒想到牠竟發出「咕、咕」的叫聲，模仿起貓頭鷹的叫聲來嚇阻天敵。

　　具有鬼字樣的昆蟲，還有鬼面椿象、魔目夜蛾、鬼鍬形蟲和鬼面蛛、鬼蛛等，牠們怎麼知道鬼的模樣呢？原來這是一種「擬態」行為，目的在嚇阻天敵，有趣的是不僅人類怕鬼，連牠的天敵也知道鬼就是長這副模樣，這麼看來，這世間真的有鬼囉！其實這些都是以人為本位的想像，昆蟲像不像鬼跟我們想像中的鬼根本扯不上關係。

鬼面蛛晝伏夜出，以拋網捕食獵物。工研院（台南）

主題延伸

鬼面椿象，具刺吸式口器，遇到騷擾會釋放腥臭味防禦。除了這個招術外，其小盾片寬長，上有二枚黑點，末端黃色舌狀，乍看像張牙咧嘴妝扮的鬼臉，不過牠只在白天現身，是一隻大白天出現的鬼。

拍攝地點／桶後（新北市）

1
2
3

1_ 鬼臉天蛾宛如禪定的高僧，頭上戴著灰色的布巾，右邊露出巾辮，神情泰然。二子坪（台北）
2_ 鬼臉天蛾有一張像鬼的容貌。瑞芳（新北市）**3_** 鬼臉也有個體差異，有胖有瘦，有老有少。牡丹（新北市）

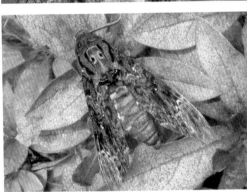

從另一個角度看「鬼臉」，其實是前胸背板，真正的臉在頭部下方。埔里（南投）

攝影條件 F11 T1 / 60 ISO400 閃光燈補光

043
瘤喉蝗的大
門牙真有趣

直翅目 | 蝗科

瘤喉蝗 *Parapodisma* sp.

日期：93 年 9 月 29 日
地點：北橫（桃園）

蝗蟲都具有一張類似人類表情的臉譜，額寬，上唇具齒狀排列。「臉譜」除了有善惡表情外，顏色也具有忠貞、正直、陰險、驍勇、神怪等象徵，人類追求時尚喜歡化妝，但昆蟲的「臉」並不像人類那樣愛美，每一種昆蟲臉部的構造不同，呈現的「妝扮」也不一樣，然而其通常只有一種目的，那就是「嚇阻天敵」。

我在北橫拍過一隻瘤喉蝗，兩顆大眼長在頭頂，左右各有一個小黑點，額很寬，中央像

鼻樑突起，下方有一排好大的牙齒，上下各有 5 顆，牠以前腳攀附在岩石上對著我咧嘴笑個不停，難道是知道我在拍照才擺出這付表情嗎？有位朋友家開設牙科診所，跟我要這張照片貼在診所給客人看，實在很有趣。

話說瘤喉蝗的牙齒需不需要醫生健診呢？牠的暴牙需要矯正嗎？也許還有蛀牙呢！其實，那排齒狀排列的構造並不是瘤喉蝗的牙齒，而是「上唇」，真正的大牙則藏在唇下，所以張牙咧嘴只是一種「模仿」，主要是為了嚇唬天敵。

瘤喉蝗的翅膀很短，側生。加九寮（新北市）

主題延伸

褐脈露螽擅於啃食葉片，其口器由一片上唇、一片下唇、一對大顎、小顎及一片舌所構成，大顎堅硬適合咀嚼，下唇用來托擋食物，另於小顎和下唇各生二條具有觸覺和味覺作用的觸鬚。

拍攝地點／瑞芳（新北市）

1_ 瘤喉蝗臉部有二排白色的大牙，那是上唇，用來嚇唬天敵。阿里山（嘉義）　**2_** 台灣大蝗上唇也有類似大牙的裝扮，但「牙齒」是綠色的。基隆河（新北市）　**3_** 白條褐蝗上唇的大牙裝扮較小，表情還是很可愛。五尖山（新北市）　**4_** 林蝗上唇也有大牙裝扮，看起來像骷髏頭。桶後（新北市）　**5_** 條紋褐蝗臉部很長，表情相當生動。青雲路（新北市）　**6_** 負蝗的臉部也很長，上唇有一條橫向的條紋，好像正對著你笑。侯硐（新北市）

135

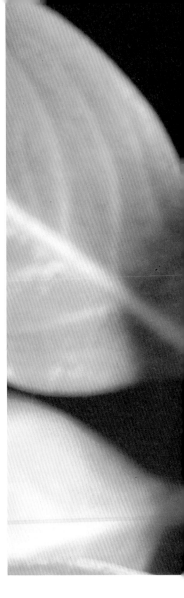

044
像外星人的夾竹桃天蛾

鱗翅目 | 天蛾科
夾竹桃天蛾 *Daphnis nerii*

　　蝴蝶和蛾的幼蟲最擅於模仿，尤其是模仿樹枝以讓天敵不容易辨識，這種伎倆叫做「偽裝」；若模仿強勢物種則稱為「擬態」，最常被蝶、蛾幼蟲模仿的對象以蛇類最為常見。蛇的毒性和顏色對任何天敵來說都具有警告作用，所以脆弱且不具飛行能力的「毛毛蟲」最愛模仿牠了。

　　曾有一位訪客寫信給我，說他家陽台出現一種體型很大且長相奇特的幼蟲，並寄來一張照片。我一看，原來是夾竹桃天蛾的幼蟲，且皆為終齡幼蟲，即將化蛹了。這種幼蟲主要棲息在夾竹桃科的日日春，多數的幼蟲白天躲藏，晚上才會出來覓食，果不其然在牠寄主的盆栽底部又發現好幾隻幼蟲。

　　夾竹桃天蛾的幼蟲通常有對醒目的大斑，藍色，

📷
日期：99 年 12 月 7 日
地點：永和（新北市）

1 2 3 | **1_** 夾竹桃天蛾，成蟲，夜晚會趨光。瑞芳（新北市）**2_** 夾竹桃天蛾，終齡幼蟲，身體尾端有一根短小的天線，這是多數天蛾科幼蟲的共同特徵。**3_** 夾竹桃天蛾身體肥胖，其腹足底下密布鉤爪，能以倒吊的姿態棲息在樹枝上不會掉落。

攝影條件 F11 T1 / 125 ISO200 閃光燈光源

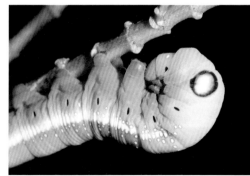

外形很像外星人，由於長相奇特，因此小孩子看到都不敢摸。也有人會想像成「蛇眼」，但其實蛇的眼睛也沒那麼大，這種斑紋的演化，連人類看了多少都會有些害怕。其實夾竹桃天蛾幼蟲真正的複眼長在頭部側面，很小，只有 5 ～ 6 枚單眼聚集，能欺敵的「藍色大斑」則長在胸部上。

嚇人的藍色大斑，長在胸背板的兩側。

夾竹桃天蛾幼蟲，即將化蛹時身體變成黑褐色。中和（新北市）

主 題 延 伸

烏鴉鳳蝶，幼蟲胸部背側也有一對很像蛇眼的特徵，這種鮮豔的紅色稱為「警戒色」，警告天敵：我很危險，你不可以太靠近。不僅眼睛維妙維肖，胸背板上的斑紋也很像蛇。

拍攝地點／瑞芳（新北市）

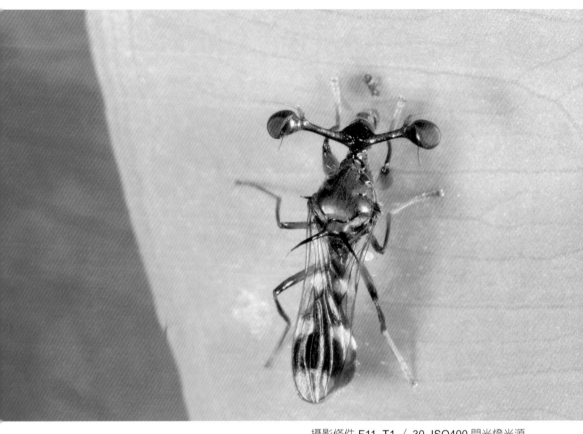

攝影條件 F11 T1 / 30 ISO400 閃光燈光源

045
有趣的柄眼蠅

雙翅目｜柄眼蠅科

四斑柄眼蠅 *Teleopsis uadriguttata*

日期：94 年 7 月 22 日
地點：帕米爾公園（台北）

　　柄眼蠅是雙翅目的昆蟲，但外觀跟一般所知的蒼蠅差很多，牠生活在潮濕的林間，喜愛在姑婆芋葉上取食葉面的有機質和露水，體型比麗蠅小很多，十分敏感，要拍到牠不容易。

　　有次在燈光下拍到牠，也是唯一一次看到會趨光的柄眼蠅，清楚可見其一對相當奇特的複眼，兩眼間距分的很開，像火柴棒的柄，故有「柄眼蠅」的稱呼。其複眼紅褐色，基部黑褐色，複眼內側有觸角，中胸背板寬隆突，左

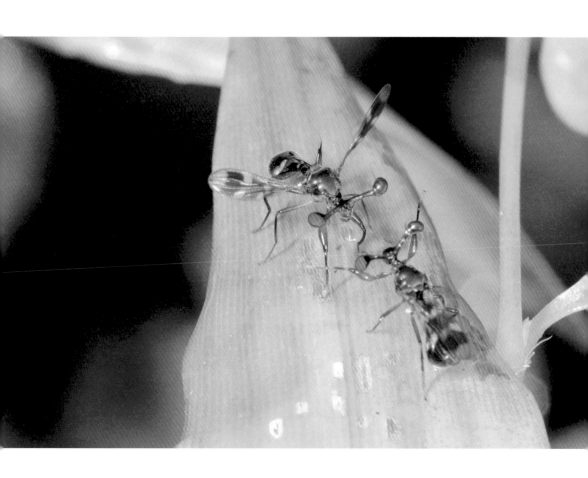

右側角各有一枚短刺，後緣有 2 根黑色長刺，翅膀黑褐色，左右各有 2 枚白色斑，故稱「四斑柄眼蠅」。後翅退化為平橫棍，擅於爬行，前腳粗壯，偶爾會飛離，但都不會離開棲息環境。數量多時很熱鬧，雄蟲會展翅較勁誰的眼柄最長，長的一方才會獲得雌蟲青睞而交配。

柄眼蠅科，台灣已知 2 種，另一種叫「擬柄眼蠅」，目前所知僅分布於台中以南及花蓮，這種眼柄較寬而短，前翅不具 4 枚白斑，從臉部特寫可比較牠們的不同，然而表情都很可愛。

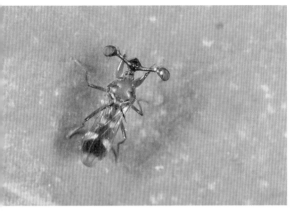

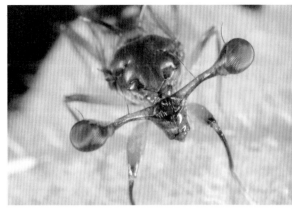

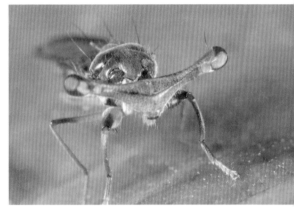

1 2 3
1 4 5

1 雄蟲展翅比武，看誰的眼柄最長。土城（新北市）**2_** 四斑柄眼蠅，翅面有 4 枚白斑，常見於姑婆芋葉面活動。五指山（新竹）**3_** 四斑柄眼蠅的眼柄較細而長，複眼內側左右各有一枚觸角。土城（新北市）**4_** 另一種叫擬柄眼蠅，翅面不具 4 枚白斑，主要分布於中部以南及花蓮。佐倉（花蓮）**5_** 擬柄眼蠅的眼柄較寬而短，表情很可愛。佐倉（花蓮）

主題延伸

突眼蝗複眼突出，兩眼間有錐狀尖突，雌、雄顏色各異，雄綠色，雌褐色。突眼蝗又叫「凸眼蝗」，也是以「複眼」命名的昆蟲，雖不像柄眼蠅兩眼分離，但牠的複眼及長相酷似外星人，也很特別。

拍攝地點／熊空（三峽）

046

蛾翅的祕密

鱗翅目 | 夜蛾科

羽斑小眼夜蛾 *Panolis variegatoides*

　　蛾類不像甲蟲有堅硬的翅鞘保護，牠們的翅膀容易破損、斷裂，因此大多數的蛾會以模仿枯葉或擬態其他動物的方式來保護身體。除此之外，我發現就美學原理，牠們懂得利用「點、線、面」的變化，及「分割、裝飾」法，在視覺上破壞翅膀結構，讓天敵無法發現牠們的存在。

　　譬如白帶符夜蛾以斜線將前翅一分為二；雙目安尺蛾、實毛脛夜蛾也從頂角斜線分割前翅；史溫侯尺蛾和圓紛舟蛾也都用分割技法再加以裝飾。這種應用點、線、面的幾何分割，視覺上是有效的，讓天敵無法分辨是一隻蛾，於是大量的蛾類開始為自己的翅膀大做文章，以「分割、裝飾」的原理創造出各式各樣的斑紋，如樹形尺蛾、圓角捲蛾、大花斑蝶燈蛾、羽斑小眼夜蛾、煙火波尺蛾、阿里山絨波尺蛾等，翅面

日期：98 年 4 月 24 日
地點：阿里山（嘉義）

1 2 3 | **1_** 白帶符夜蛾，黑色，以白色斜線將前翅分割。瑞芳（新北市）**2_** 蓮霧赭夜蛾，褐色，以黑色弧線將前翅一分為二。烏來（新北市）**3_** 史溫侯尺蛾，以寬大的斜帶加上斑點裝飾，分割前翅。梅山（嘉義）

攝影條件 F11 T1／60 ISO100 閃光燈光源

的斑紋變得更爲複雜，令人眼花撩亂而達到欺敵的目的。

這些蛾類的翅膀斑紋與模仿自然物或擬態動物完全不一樣，我們稱做「破壞輪廓」的欺敵裝扮。

樹形尺蛾，以複雜的白線，將前後翅形分割。秀巒（新竹）

煙火波尺蛾，以複雜的白線加上顏色分割前翅。信賢（新北市）

主 題 延 伸

吸淚斑尺蛾，翅面暗灰褐色，前翅有一條暗紅紫色的Ｙ字斑紋，成蟲有嗜吸哺乳類動物淚水的習性。據說這種蛾會讓大象哭泣，並藉機吸吮其淚水，行為十分特別。

拍攝地點／桶後（新北市）

1_ 圓角捲蛾，以波狀的線條分割前翅，讓人看不清是一隻蛾。天祥（花蓮）**2_** 褐框尺蛾，加上黑褐色邊框，改變蛾的翅形。楓林（花蓮）**3_** 白線魔目夜蛾，具有分割翅形和「嚇人」的擬眼紋。烏來（新北市）**4_** 斜綠天蛾，模仿枯黃的竹葉。四獸山（台北）**5_** 綠紋尺蛾，模仿昆蟲的蝕痕，一種欺敵的裝扮。鎮西堡（新竹）

攝影條件 F32 T1 ／ 60 ISO200 閃光燈光源

047
全身都是刺的
鐵甲蟲

鞘翅目 | 金花蟲科

紹德鐵甲蟲 *Dactylispa sauteri*

日期：95 年 2 月 21 日
地點：貢寮（新北市）

鐵甲蟲身上布滿棘刺，看起來很威武，刀槍不入，其實牠們很膽小，一有風吹草動便裝死掉落地面，偶爾會飛，但通常以直接掉落地面的方式躲避天敵。

鐵甲蟲，金花蟲科，通常都有專一的寄主植物。紹德鐵甲蟲觸角深褐色，近基部黑色，前胸背板左右各有 3 枚長刺，中央有一枚橫向的橢圓形帶狀突起，表面光滑，翅鞘布滿刻點，翅緣密生細長的棘刺，各腳黃褐色。以禾本科

紹德鐵甲蟲體背布滿棘刺。崁頭山（台南）

葉片為食，咬痕呈縱向條紋，幼蟲能潛入芒草葉片組織內取食至化蛹，葉片會呈枯黃的巢袋狀。

紹德鐵甲蟲交尾很特別，由於雌蟲體背布滿棘刺，交尾時雄蟲只好垂直站立，各腳攀附在雌蟲背上，不敢太親蜜，不然雌蟲背上的刺就會穿破肚皮。這種交配的方式也發生在另一種半翅目齒緣刺獵椿象身上，牠們全身也布滿刺突，一不小心就會被刺到，在這種情況下有時會看到齒緣刺獵椿象以側身或並列的姿態交尾，但紹德鐵甲蟲仍以 90 度站立交尾，沒有其他的姿態。

1 2
3 4
1_ 褐胸鐵甲蟲寄主杜虹花，身體褐色，翅鞘黑色密布刺突，交尾時要很小心，不然雄蟲會被雌蟲背上的長刺穿破肚皮。太極嶺（新北市）**2_** 齒緣刺獵椿象，全身也布滿尖銳的刺突。建安（新北市）**3_** 齒緣刺獵椿象前胸背板的刺突讓許多天敵不敢吃牠。烏來（新北市）**4_** 交尾時，齒緣刺獵椿象身上的棘刺難免會互相碰觸，所以採取保持距離或側身交尾。觀霧（新竹）

主 題 延 伸

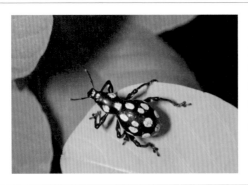

大圓斑球背象鼻蟲，主要分布於蘭嶼，其後翅退化，前翅與翅鞘癒合，不會飛行。從頭部到翅鞘呈完美的圓弧形，體表堅硬，連蜥蜴、鳥類也無法吞食消化。球背象鼻蟲在蘭嶼有 7 種，其中 6 種為保育類。

拍攝地點／蘭嶼（台東）

chapter

Insect Record

4

棲身之所

攝影條件 F11 T1 / 30 ISO400 閃光燈補光

048
蚜獅背上的房子

脈翅目 | 草蛉科
草蛉（幼蟲）

日期：103 年 4 月 10 日
地點：聖人瀑布（台北）

蚜獅是草蛉的幼蟲，成蟲一般呈綠色，翅膀透明，翅脈網狀，體態纖弱不擅飛行。

體長僅 5mm 的蚜獅，常見於樹幹、枝葉間活動，喜歡在背上堆垃圾，遇到騷擾會躲到葉背或不安定的爬行，背著沉重的「房屋」模樣很滑稽。其主要以吸食蚜蟲體液為食，具有鉗狀刺吸式口器，身體黃褐色，但覆蓋「偽障」後，從上往下看不出牠是一隻蟲。

蚜獅建造的「房屋」都不一樣，「建材」也不同，有些是牠獵食的戰利品，有些取材自然物，如枯葉、樹皮、花苞。有一次我近攝牠堆疊「偽障」的過程，只見牠用大顎將材料堆到背上，由於沒有使用黏液或絲線綑綁，因此疊上去的東西又掉下來，這時牠將掉下來的物品再堆回去，反覆同樣動作直到不再掉落，有時也會發生邊走邊掉的情況，但牠也不在乎。

　　分析蚜獅背上的造型，常見有根像樹枝的突起，用來模仿枯枝；頭部上方有遮雨棚，用來遮掩頭部；有的彷彿是扛著長臂的怪手，造型各異，但看起來都很可愛。

蚜獅的成蟲叫做「草蛉」。觀霧（新竹）

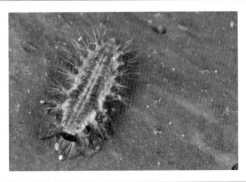

主題延伸

蚜獅，體背兩側密生棘刺，這些刺突能固定背上的材料不會掉下來。一般蚜獅以獵捕蚜蟲為食，吸乾體液後再將屍殼背在身上，但隨種類不同所背的「建材」也會不一樣。

拍攝地點／八仙山（台中）

151

1_ 蚜獅背上的「房屋」，常有枝狀突起。加九寮（新北市）**2_** 頭部上方常有一個像遮雨棚的東西，遮掩頭部。烏來（新北市）**3_** 蚜獅背上的「建築」五花八門，奇形怪狀。陽明山（台北）**4_** 有些利用大花咸豐草的花苞，扛著笨重的「垃圾」四處爬行。土城（新北市）**5_** 有的「房屋」蓋得像 101 大樓那麼高。五指山（新竹）

攝影條件 F16 T1 / 125 ISO200 閃光燈補光

049
黃革荊獵椿象
的戰利品

半翅目 | 獵椿科

黃革荊獵椿象

Acanthaspis westermanni

日期：95 年 6 月 17 日
地點：銅門（花蓮）

記得有一次若不是有心尋找昆蟲的身影而找到地面上，也不會恰巧發現椿象若蟲背著螞蟻在地上爬行的畫面。二年後我在銅門又觀察到椿象若蟲背著上百隻螞蟻的殼，憑藉著經驗，我立刻趴下來才捕捉到牠的特徵。牠背著笨重的「偽障」往前逃竄，我只捕捉到二個畫面牠就消失了。

過了四年，有次和友人在知本林道上又看到這個畫面，但這隻若蟲只背著一隻螞蟻，這

時我跟友人做了個實驗，請他將若蟲背上的螞蟻取下，這次我終於拍到牠的廬山真面目了。

　　一時失去「僞障」的獵椿象沒有安全感的逃命，這時朋友拿了一根樹枝給牠，你猜牠會背棍子嗎？只見牠用後腳勾住棍子往背上推，不一會兒功夫就把整根棍子扛到背上，然後拚命的往前爬，但又好像突然想到什麼事，開始往不同的方向逃命。

　　黃革荊獵椿象的背負行為和蚜獅背垃圾一樣，都會將取食的「戰利品」空殼當作「僞障」，蚜獅樹棲，椿象若蟲地棲，這種具有某種實驗目的的攝影，讓我們了解昆蟲的危機處理方式。

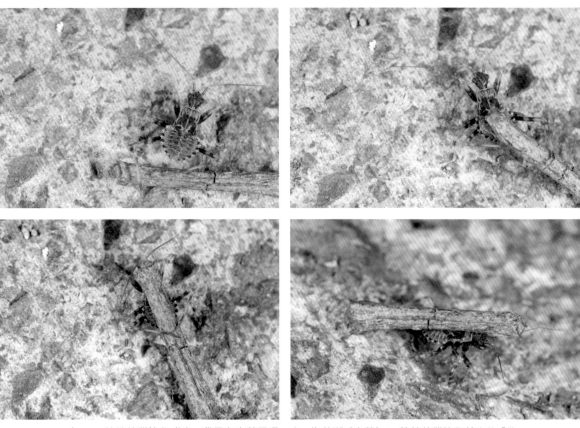

1 2 3
    4 5

1_ 黃革荊獵椿象成蟲，我只在宜蘭見過一次。梅花湖（宜蘭）**2_** 黃革荊獵椿象若蟲的「偽障」被取下，改拿一根棍子給牠，牠立刻用後腳將棍子勾上來。知本（台東）**3_** 很快的牠就將整根棍子扛到背上，就比例來說，這根棍子的長度和重量應該不小，牠居然也扛得動。知本（台東）**4_** 用後腳頂著木棍，只用二對腳「走路」，逃命的速度還是很快。知本（台東）**5_** 突然，牠又往相反的方向逃命，為了增加速度，後腳從木棍上放下來，改用六隻腳爬行。知本（台東）

主題延伸

蜍椿，喜歡在泥巴濕地棲息，若蟲會以頭及後腳來挖掘泥沙以覆蓋體背當作「偽障」，只露出兩眼。爬行速度很快，遇到騷擾也會掘地隱藏，習性像虎甲蟲走走停停；成蟲捕食性，能短距離飛行。

拍攝地點／天長地久（嘉義）

攝影條件 F11 T1 / 60 ISO200 閃光燈光源

050
小昆蟲住豪宅

雙翅目 | 癭蚋科
癭蚋

日期：97年2月9日
地點：二子坪（台北）

「蟲癭」是指植物組織受到昆蟲或其他生物所釋放的化學物質刺激，而產生變異、擴增現象，產生蟲癭的昆蟲叫做「造癭昆蟲」，造癭的寄主植物叫做「成癭植物」。造癭的昆蟲有癭蚋、木蝨、椿象、薊馬、象鼻蟲等，除了昆蟲外還有某些真菌、蟬、蟎也會造癭。

春天是到陽明山欣賞蟲癭的好地方，蟲癭的寄主一般具有專一性，紅楠樹上的蟲癭都藏在葉背，這些蟲癭像水梨、芭樂、香蕉，有些

像燈籠。同一片葉子也會有不同種的蟲癭群聚，好像菜市場的水果攤，十分熱鬧。幼蟲躲在像「水果屋」的蟲癭裡很安全，不愁沒食物吃，直到終齡羽化。有些蟲癭長在樹枝上，彷彿植物的細枝上長了很多分枝，而另一種紅楠樹枝上的蟲癭，則像是一個個狹長的砲彈，呈放射狀排列。

蟲癭為了躲避天敵將自己禁錮在葉片或枝條上，見不到陽光，表面看起來牠們都很安全，實際上還是會有天敵，例如某些寄生蜂就會找上牠們。

某種癭蚋，發現於寄主環境附近。

主 題 延 伸

在寄主葉上，撥開蟲癭裡面有一隻剛羽化的寄生蜂。住在蟲癭裡的幼蟲也會有天敵，寄生蜂會以細長的產卵管插入裡頭產卵，孵化的幼蟲取食寄主養份，因此有時候我們看到蟲癭裡爬出一隻寄生蜂，卻不是寄主本身。

拍攝地點／烏來（新北市）

1
2 3
4 5

1_ 成癭植物是紅楠，外觀像水果，寄主昆蟲是雙翅目的癭蚋。土城（新北市）**2_** 這片香楠葉背有二種蟲癭，一種像芭樂，一種像香蕉，寄主昆蟲都是癭蚋。**3_** 香楠葉背的蟲癭模樣像桃子，寄主也是癭蚋。**4_** 紅楠枝條上長出紡綞狀蟲癭，外觀像炮彈，呈放射狀排列，寄主也是雙翅目的癭蚋。**5_** 山桂花的蟲癭呈枝條狀，都從分枝的地方長出來，乍看像花序，十分特別。冷水坑（台北）

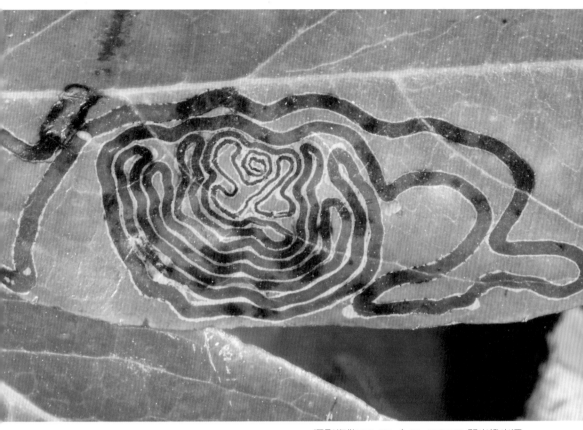

攝影條件 F8 T1 / 60 ISO200 閃光燈光源

051
潛葉蟲畫地圖

鱗翅目
潛葉蛾

📷
日期： 95 年 8 月 15 日
地點： 竹子湖（台北）

大多數的幼蟲不像成蟲具有翅膀，遇到天敵能飛行逃離，因此牠們會發展出一套保命方法。

潛葉蟲躲避天敵的技術相當出色，牠的卵孵化後便潛入葉片組織內取食葉肉，直到終齡才破蛹羽化離開葉片。其實會潛葉的昆蟲很多，像鱗翅目的蛾、雙翅目的蠅、膜翅目的葉蜂、鞘翅目的金花蟲等，都是常見的潛葉蟲。

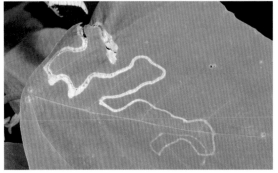

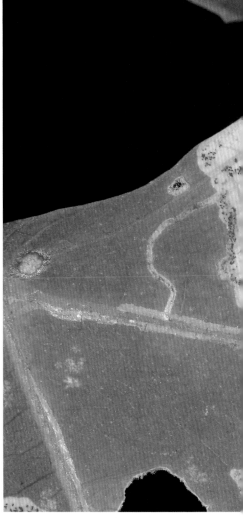

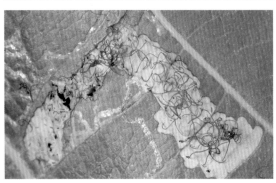

　　自從我第一次在野桐葉面拍攝潛葉蟲後開始有了興趣，以逆光的手法將閃光燈放在葉子後面，再從前面打燈讓葉片變得鮮綠，潛葉蟲嚙食的軌跡也就清晰可辨。潛葉蟲的咬痕，前段顏色細窄而淡，那是一齡，後來漸粗是二齡，到了終齡咬痕最寬，末端破裂表示這隻潛葉蟲已經羽化。潛葉蟲從初始到羽化像一條河流，這條河就是潛葉蟲的一生。

　　我又發現一片葉子，上面的咬痕像迷宮，內部較細，外部較寬，牠以對稱的弧形紋路取食，形成美麗的圖案。潛葉蟲的食量並不大，一片葉子都沒吃完就羽化了，讓人好奇幼蟲躲在葉肉裡，心裡都在想些什麼呢？

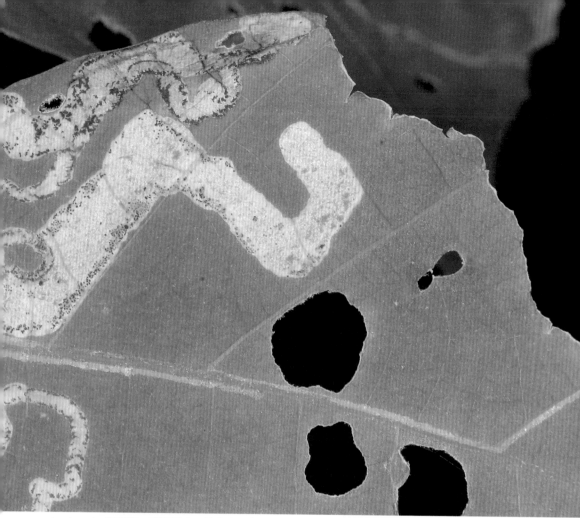

1 2 3 4

1_ 潛葉蠅，體型很小，幼蟲會潛葉。瑞芳（新北市）**2_** 野桐的葉面有一條像小河的紋路，那就是潛葉蟲的一生。文筆山（新北市）**3_** 血桐的葉子被一種潛葉蛾取食，咬痕很寬，白色透空部分是被咬的，裡面有黑黑的小點是糞便，捲曲的線條是葉脈，由於葉脈較硬不好消化因而乾燥捲曲。文筆山（新北市）**4_** 一片葉子可能有兩種以上的潛葉蟲在裡頭。文筆山（新北市）

主題延伸

白波翠尺蛾，翅膀後緣有扭曲狀的斑紋，很像潛葉蛾在葉子裡取食的軌跡。白波翠尺蛾綠色的翅膀很像葉片，斑紋像潛葉蟲的咬痕，牠用這種方法偽裝保護自己。

拍攝地點／福山（新北市）

攝影條件 F8 T1／60 ISO200 閃光燈光源

052
青條花蜂的床鋪

膜翅目｜蜜蜂科

青條花蜂 *Amegilla calceifera*

日期：104 年 7 月 1 日
地點：淡水（新北市）

由於昆蟲沒有眼瞼，所以不容易辨識牠們是否在睡覺。科學家透過實驗，將一些蠅放在容器中，當夜晚來臨時，就開始不斷地拍打容器，致使牠們無法睡覺，結果第二天這些蠅無精打采，活動力不像正常的蠅，這表示昆蟲跟人類一樣是需要睡眠的。

有次在夜晚拍攝到青條花蜂，這種蜂主要於白天活動，因此我很確定牠這時正在睡覺。牠用大顎咬住枝條，六隻腳騰空掛著，這是我

第一次發現這種蜂的獨特睡眠方式。原來某些花蜂都有此行為，牠們的大顎特化成一對大鉗子，末端有個小機關，一旦咬住東西就會自動「上鎖」，可吊掛睡覺，不用擔心太吃力或掉下來。

　　黃昏有幾隻飛到棚下，到了 6：30 終於看到一隻掛在藤鬚上了。忽然，從四面八方飛來好多青條花蜂，繞著這根藤鬚飛舞，先來的好像搶占到較好的位置，後來的會被藤鬚上的青條花蜂用腳踢走，只好再飛一次，選擇上下沒「人」的地方睡覺。7：37 分所有的青條花蜂應該都就位了，數一數共 22 隻。波琉璃紋花蜂和螫無墊蜂都有此行為，而螫無墊蜂也會咬住葉緣，這種有趣的行為實在太可愛了。

青條花蜂的大顎特化成一對大鉗子，一旦咬住就會自動「上鎖」。

主 題 延 伸

這隻大綠弄蝶是否正在睡覺呢？肯定的是所有蝴蝶都是日行性，通常早上 8～9 點起床做早操，下午 3～5 點打卡準備睡覺。而大部分的蛾類屬夜行性，在天黑時牠們會從樹林裡飛出來活動、覓食。

拍攝地點／二格（新北市）

1
2
4

3
5

1_ 慢來的要占位置，會被藤鬚上的青條花蜂用腳踢走。**2_** 六隻腳縮起來，掛著睡覺。
3_ 所有的青條花蜂都就位了，數一數共有 22 隻。**4_** 螯無墊蜂，咬住葉片睡著了！風櫃
嘴（台北）**5_** 波琉璃紋花蜂，把枯枝當「床」，大白天也可以睡，真是一隻愛「戀床」、
「賴床」的昆蟲啊！崁頭山（台南）

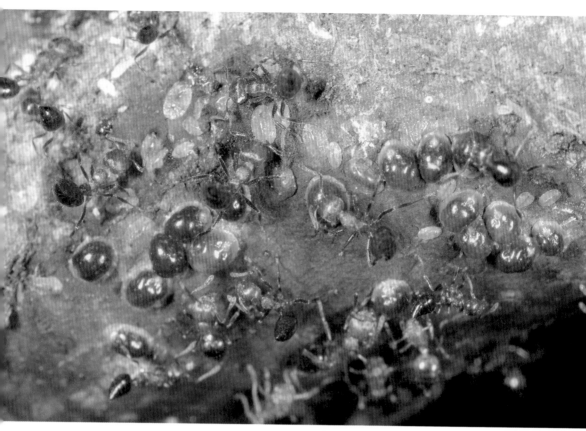

攝影條件 F16 T1 ／ 30 ISO400 閃光燈光源

053
螞蟻畜牧

膜翅目｜蟻科
懸巢舉尾蟻
Crematogaster rogenhoferi

📷
日期：100 年 3 月 6 日
地點：大同山（新北市）

螞蟻是社會性昆蟲，一個蟻巢的成員有雌蟻、雄蟻、兵蟻和工蟻各司其職，工蟻數量最多，不論築巢、守衛、餵養、覓食都靠工蟻一點一滴的辛勞完成，其中「畜牧」的行為是其他昆蟲所望塵莫及的能力。

要觀察螞蟻「畜牧」並不難，我曾在大同山的樹上發現好幾個小蟻巢，形狀像似枯葉堆疊，有些像小土堆附著在樹幹上，外觀和樹皮差不多。我撥開其中一片，裡頭有數十隻螞蟻

正高舉尾部守衛巢裡的介殼蟲，原來這些介殼蟲都是螞蟻飼養的。螞蟻用觸角碰觸，介殼蟲就分泌蜜露給螞蟻吃，而介殼蟲也獲得螞蟻保護，形成共生關係。

　　不過這些介殼蟲是怎麼來的呢？是螞蟻搬過來的？還是就地覆蓋蟻巢接受保護呢？介殼蟲固定取食樹液不需要移動身體，這種有如人類種植、畜牧的事業，或許在昆蟲界裡也只有螞蟻辦得到。

1
2
3
4

1_ 舉尾蟻的腹部呈水滴狀，巢裡巢外都會找蚜蟲和介殼蟲。金龍湖（基隆）**2_** 舉尾蟻在樹幹上築巢，將分枝的部位整個包起來。加九寮（新北市）**3_** 樹棲的蟻巢會包住整個樹枝，巢由樹皮和枯葉構成，但並不是所有的蟻巢裡面都有畜牧。南澳（宜蘭）**4_** 掀開蟻巢，可見螞蟻畜牧介殼蟲，介殼蟲附著在樹幹吸食樹液維生，螞蟻築巢保衛。加九寮（新北市）

主題延伸

螞蟻用觸角碰觸蚜蟲來「擠奶」，這些被飼養的蚜蟲又稱做「螞蟻奶牛」。有些螞蟻會採集蚜蟲的卵儲存在巢內渡冬，到了春天，螞蟻再將孵化的蚜蟲搬到植物上，這是另一種「畜牧」的行為。

拍攝地點／木柵（新北市）

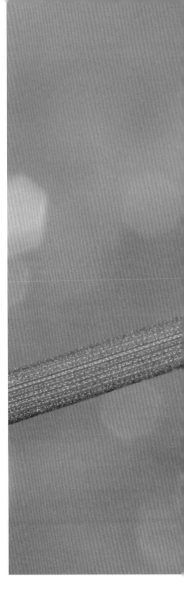

054

小十三星瓢蟲越冬

鞘翅目 | 瓢蟲科

小十三星瓢蟲 *Harmonia dimidiata*

　　昆蟲的適應能力很強,能以各種形態越冬,如蝗蟲以卵越冬,天牛以幼蟲越冬,許多蛾類以蛹越冬。

　　我在三峽滿月圓發現一隻小十三星瓢蟲,經驗告訴我這附近一定有很多小十三星瓢蟲,果然在路邊一根電線桿的鐵皮背面,狹窄的縫隙裡看到很多瓢蟲,牠們擠在一起取暖,沒想到天氣突然暖和,有一些瓢蟲忍不住飛出來活動。這些瓢蟲雖然集體越冬但並不算「冬眠」,只能說是「休眠」,當天氣變好時也會出來晒晒陽光或捕食,不過冬天昆蟲活動力銳減,即使靠近牠也不會立刻飛走。小十三星瓢蟲以成蟲越冬,是較容易看到的種類,我在二叭子公園的路燈也看到不少,幾乎每一根路燈都有瓢蟲聚集,而且都是小十三星瓢蟲。在香蕉葉下也可以觀察到多種昆蟲,除了小十三星瓢蟲,還有赤星瓢蟲、九星瓢蟲、三色

日期: 93 年 11 月 12 日

地點: 滿月圓 (新北市)

1 2 3 | **1_** 這根電線桿的鐵皮背面聚集很多瓢蟲越冬。**2_** 小十三星瓢蟲躲在鐵皮的窄小隙縫裡互相取暖。**3_** 天氣變好時,有些瓢蟲忍不住飛出來晒太陽或捕食,所以這些越冬的瓢蟲並不算「冬眠」,只能說是「休眠」。

攝影條件 F8 T1 ／ 125 ISO200 閃光燈補光

瓢蟲、大盾背椿象、黑點捲葉象鼻蟲等，牠們通通擠在一起越冬、取暖。

1 2　**1_** 在二叭子公園，幾乎每一根路燈上都有瓢蟲 **2_** 聚集的都是小十三星瓢
3 4　蟲。二叭子（新北市）**3_** 從 12 月到隔年 2 月可見。**4_** 小十三星瓢蟲左
右翅共有 **13** 枚小黑點。

主 題 延 伸

在地面看到一隻青銅金龜，牠鑽進地下產
卵，卵在隔年春天羽化，所以青銅金龜是
以幼蟲或蛹越冬。昆蟲越冬型態的所占比
例中，43% 以幼蟲過冬；29% 以蛹過冬；
17% 以成蟲過冬；11% 以卵過冬。

拍攝地點／竹南（苗栗）

攝影條件 F11 T1 / 125 ISO400 閃光燈補光

055
紅腳細腰蜂
築巢

膜翅目 | 細腰蜂科
紅腳細腰蜂 *Sphex* sp.

日期：95 年 7 月 19 日
地點：三義（苗栗）

　　細腰蜂胸、腹間有一杆狀腰身，雌大顎發達，擅於挖掘洞穴，並能以毒針麻醉獵物後拖入巢穴，接著產卵，待卵孵化後做為其食物。各種細腰蜂所捕捉獵物的對象都不一樣，但最不可思議的是細腰蜂如何麻醉獵物？又如何將獵物保鮮至幼蟲孵化後食用呢？

　　細腰蜂築巢過程宛如一場熱鬧的嘉年華，有一年我從高速公路下「車亭休息站」，發現某個停車格上有數十隻紅腳細腰蜂忙著築巢，

我趕緊取來相機紀錄。只見紅腳細腰蜂利用大顎挖掘泥土，雖然三義的泥土是紅色的，質地稍軟，但停車格究竟不是沙質地，不懂牠們為什麼會選擇人來車往的地方築巢？不久，一隻雌蜂拖著螽蟴回到洞口，牠進入巢裡檢查後將獵物拖入洞裡，再爬出來開始將挖出的沙填回去，很快地洞口就填平了，從外觀看起來，難以察覺地下有紅腳細腰蜂即將要孵化。

最近我到蘭嶼，又看到另一種藍色的細腰蜂在沙地上低空飛行，但卻不見牠們掘洞，原來這些都是雄蟲，在這個繁殖地等待即將羽化的雌蟲出洞交尾。

紅腳細腰蜂腳呈紅褐色。六十石山（花蓮）

主題延伸

黃帶蛛蜂不會掘洞，只會用現成的洞穴為巢。畫面中黃帶蛛蜂捕獲白額高腳蛛並將其麻醉後，使盡全身力氣要把蜘蛛搬入洞裡，以作為產卵後幼蟲孵化出來的食物。

拍攝地點／甘露寺（新北市）

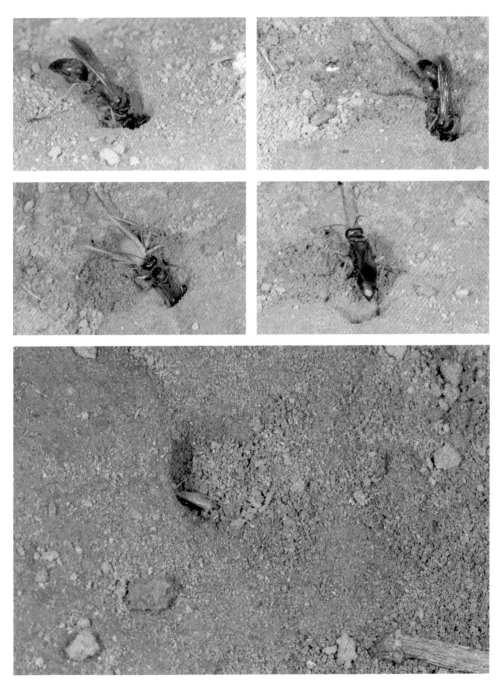

1　2
3　4
5

1_ 紅腳細腰蜂選擇土質適宜的地方掘洞。**2_** 只有雌蜂才會掘洞，掘洞速度很快，大約 5 分鐘就能完成一個巢穴。**3_** 完成後飛行離去，捕捉到一隻螽蟖，將其麻醉後拖到洞裡，準備作為幼蟲的食物。**4_** 最後用腳將挖出的沙土填回去。**5_** 洞口填平後，從外觀看不出地底下有細腰蜂的卵等待孵化。

056
虎斑泥胡蜂築巢

膜翅目 | 胡蜂科

虎斑泥壺蜂 *Phimenes flavopictus formosanus*

　　虎斑泥壺蜂，成蟲身體黑色滿布黃色條紋，擬態老虎斑紋，錘腹細長，常見於野花叢中吸蜜。雌蟲會銜泥於牆角或樹幹築巢，巢如壺形，內含數個巢，雌蟲會替幼蟲儲藏食物。

　　我在雙溪某個農場裡曾見過牠在築巢，其巢型壺狀，由數個連接，最後變成長條狀，每完成一個巢室，牠會產下一粒卵，再捕捉獵物塞進去，封閉壺口後接著繼續同樣的工程。又有次在台中大坑拍到牠正在取泥，原本以為牠自溪邊採泥，但這次牠是先在某處喝水，再飛到某棵白蟻築巢的枯木上，由於枯木殘留很多泥土，泥壺蜂很快地吐出水來將其做成球狀的泥團後帶走，不到 5 分鐘又飛回來取泥團。我將多次觀察拼湊出虎斑泥壺蜂築巢的過程，發現牠的巢型都很大，可由 1 ～ 12 個巢室連接，每一個巢室最多可

日期：98 年 9 月 13 日
地點：大坑（台中）

1 2 3 | **1_** 虎斑泥壺蜂吐水攪拌做泥團。**2_** 虎斑泥壺蜂的泥巢呈壺狀，做完一個巢室會把壺口封住，再連接下一個巢室。雙溪（新北市）**3_** 雌泥壺蜂在每一個巢室內產下一粒卵，再捕捉獵物給待孵化出來的幼蟲食用。雙溪（新北市）

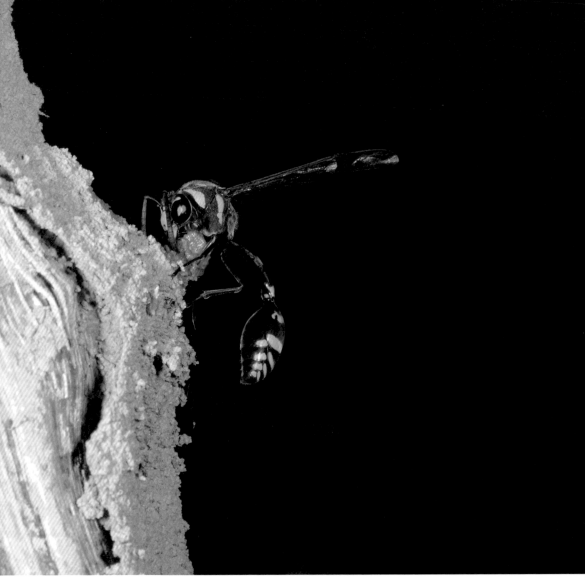

攝影條件 F8 T1 ／ 125 ISO400 閃光燈光源

塞滿 6 隻獵物，這些獵物除了鱗翅目幼蟲外，也曾出現蜘蛛，有時拆開巢後會發現被寄生蜂寄生了，因此幼蟲躲在泥巢裡並不能保證安全，仍會有天敵。

黃胸泥壺蜂，胸背板前半和腹端黃色，喜歡訪花。文筆山（新北市）

黃胸泥壺蜂築巢產卵的習性跟虎斑泥壺蜂很像，但有些個體會築巢於葉下。甘露寺（新北市）

主 題 延 伸

在烏來發現一隻黃腰泥壺蜂飛到地面做泥團，隔了 5 分鐘又飛回來，後來越做越熟練，10 分鐘內可來回 4 次，都在同樣位置取泥，可見牠的記憶力很好。取泥之前會先到溪邊銜水，再回來拌沙做泥團。

拍攝地點／烏來（新北市）

攝影條件 F8 T1 / 125 ISO400 閃光燈光源

057
黃腳虎頭蜂
偷蜜

膜翅目 | 胡蜂科

黃腳虎頭蜂 *Vespa velutina*

日期：94 年 4 月 21 日
地點：四崁水（新北市）

　　朋友帶我到烏來山區看一個野蜜蜂的巢，可見樹幹下方的洞口有幾隻蜜蜂飛進洞裡。過幾天後可能因為天氣轉為暖和，發現有好多蜜蜂進進出出，每隔 4～5 秒就有一隻蜜蜂進出，嗡嗡嗡的聲響氣勢驚人。

　　我守在洞口觀察長達半個小時之久，這時看到一隻黃腳虎頭蜂出現。只見牠飛到洞口振翅，雙眼炯炯有神，朝著一旁工作中的蜜蜂示威，我趕緊用相機拍下虎頭蜂威武的神態。

　　虎頭蜂來到這裡示威並無攻擊野蜜蜂，而洞裡的蜜蜂也沒飛出來迎擊，只見一旁 15 隻蜜蜂鎮定的在樹幹上啃咬樹皮，但往洞裡拍，可見有一堆蜜蜂堵在狹窄的洞口，不讓虎頭蜂進去。

　　虎頭蜂攻擊蜜蜂的情況時有所聞，但多半攻擊人工飼養的蜂箱，攻擊野生蜜蜂較為少見。但我曾在烏來內洞的電線杆上發現蜜蜂的巢，不久，黃腳虎頭蜂前來襲擊，但最後並未得逞，進不了巢裡偷蜜，只能在外面恫嚇，從拍攝到的空中飛翔特寫畫面看來，這隻偷蜜的盜賊眼神挺兇狠的。

<table>
<tr><td>2</td><td>3</td></tr>
<tr><td>4</td><td>5</td></tr>
</table>

1

1_ 狹窄的洞口被許多蜜蜂堵住。**2_** 在這個樹幹下的洞穴中有蜜蜂的巢，一大早我就到這裡等待黃腳虎頭蜂。果然不久後牠出現了！虎頭蜂會在固定的時間前來「拜訪」。**3_** 黃腳虎頭蜂表情兇猛，但巢外的蜜蜂仍正常工作，可見蜜蜂已經習慣虎頭蜂的騷擾。**4_** 在另一個地方，電線桿的小洞竟然也有蜜蜂的巢。**5_** 黃腳虎頭蜂也到這裡示威，但沒有看到牠攻擊巢穴偷蜜。內洞（新北市）

主題延伸

黃腳虎頭蜂的巢築在社區樓頂，蜂巢像籃球那麼大，裡頭由成千上百個蜂室和數十層巢脾組成，巢外有守衛蜂。冬季蜂后會離巢避寒，蜂群因此解散、死亡，蜂巢一年只使用一次。

拍攝地點／永和（新北市）

058

凶暴的中國大虎頭蜂

膜翅目│胡蜂科

中國大虎頭蜂 *Vespa mandarinia*

　　蓮華池邊的蜂箱有幾隻中國大虎頭蜂發出振耳欲聾的聲響，只見蜜蜂從蜂窩裡出來，不讓虎頭蜂進入。過一會兒後，蜜蜂可能習慣了這種騷擾，因此一部分進入巢內，這時虎頭蜂由左飛向右邊似乎打算有所行動，而蜜蜂也在瞬間改變隊形應戰，半個小時後終於開打。在中國大虎頭蜂咬死一隻蜜蜂後，所有蜜蜂都出來應戰，上百隻堆擠在蜂箱口，然而虎頭蜂不費吹灰之力，咬斷一隻隻蜜蜂的頭部。中國大虎頭蜂在短短 2 分鐘內就咬死 30 多隻蜜蜂，有些蜜蜂驚慌的擠成一團，表情驚恐，但仍死守堵住入口。

　　隨著時間過去，只見蜜蜂死傷已達數百隻之多，我因為實在看不下去，就拿了一個瓦片擋住蜂箱口，不久農場主人來了，他取來網子將虎頭蜂撈起裝進瓶子，這個瓶子底部早就裝滿數不清的虎頭蜂屍體，我

📷　日期：100 年 9 月 19 日
　　地點：蓮華池（南投）

1 2 3 │ **1_** 好多義大利蜂堵住蜂箱口，不讓中國大虎頭蜂進入。**2_** 2 隻虎頭蜂在蜂箱外商量對策。**3_** 大戰終於開打了！虎頭蜂不費吹灰之力，咬斷一隻隻蜜蜂的頭部。

攝影條件 F5.6 T1 ／ 125 ISO400 閃光燈補光

181

看在眼裡頓時啞然，心中不禁思考，救得了小蜜蜂卻救不了虎頭蜂，而虎頭蜂為了覓食，就該得到如此下場嗎？

我用瓦片將蜂箱口堵住。

最後主人終於出現，將虎頭蜂撈起來，裝到玻璃瓶裡。

主 題 延 伸

在某座橋下發現一個變側異胡蜂的巢，巢掛在枯葉隱密的地方，但還是被黑尾虎頭蜂找到。虎頭蜂毫無顧忌地吃起蜂巢裡的幼蟲，由下往上大開殺戒，變側異胡蜂不像蜜蜂會主動迎戰，只能眼睜睜的任人獵奪。

拍攝地點 / 青山橋（新北市）

攝影條件 F16 T1 ／ 30 ISO200 閃光燈補光

059
蚜蟲的生存法則

半翅目│扁蚜科

竹葉扁蚜

Astegopteryx bambusifoliae

日期： 100 年 1 月 3 日
地點： 崁頭山（台南）

　　蚜蟲聚集的地方常見捕食性昆蟲，由於蚜蟲沒有驅敵能力，便請螞蟻來當保鑣，但螞蟻並不是那麼盡職，難道蚜蟲只能任人取食，一點辦法都沒有嗎？其實，蚜蟲的腹管能分泌出化學防禦物質來嚇跑天敵，只是效果有限。

　　有一次，我在竹林裡看到很多竹葉扁蚜，正在拍照時，忽然發現下方有一隻蚜蟲以口器刺破瓢蟲的卵粒，原來，蚜蟲家族有這種身體瘦小的兵蚜，專門擊破天敵的卵以降低被捕食

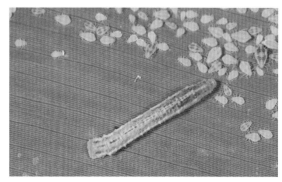

的機率，顯然蚜蟲能以間接破卵的方式防禦，這種行為相當特別。

　　蚜蟲與天敵共棲時，感覺牠們一點也不驚恐，也許是因為繁殖能力很強，不怕被吃。那麼蚜蟲的生存哲學是什麼呢？牠們拚命的吸食植物汁液壯大族群，兵蚜破卵是「主動反擊」，分食蜜露聘請螞蟻當保鏢是「智慧」，遇到天敵不驚不恐是「忍辱」，任人取食是「慈悲」，大量繁殖下一代是「策略」，這些就是蚜蟲在大自然物競天擇、弱肉強食下所選擇的生存方式。

1
2
3
4

1_ 竹葉扁蚜體背淡綠色，有二條縱帶。建安（新北市）**2_** 竹葉扁蚜群聚於竹葉上取食汁液，這種環境周圍常有螞蟻活動。竹山（南投）**3_** 蚜蟲聚集的地方常見瓢蟲、食蚜蠅、草蛉等多種捕食性天敵。**4_** 蚜蟲拚命的吸食植物汁液，繁殖能力很強，體態雖然弱小但族群龐大，在生物圈中扮演著不可輕忽的角色。加九寮（新北市）

主題延伸

夾竹桃蚜寄主有毒植物馬利筋，常見的天敵是瓢蟲。蚜蟲腹部肥大，有一對腹管能分泌化學物質防禦，像是蠟等，也有人指出腹管能分泌「警報」訊息，通知同伴逃逸，但很少看到蚜蟲有逃命的企圖。

拍攝地點／瑞芳（新北市）

185

060
保家衛國的螞蟻

膜翅目 | 蟻科
大頭家蟻 *Pheidole* sp.

　　一隻臭巨山蟻從我身邊匆忙爬過,我趕緊用相機捕捉牠的身影,放大看後竟發現牠的腳上黏著一隻死掉的小螞蟻,螞蟻的大顎緊緊咬住臭巨山蟻的腳,其觸角斷了一根,六隻腳不見了,模樣很可憐。顯然小螞蟻曾與大螞蟻有過一場戰鬥,最後小螞蟻被高高舉起並帶走了好幾天,不自量力的小螞蟻死也不鬆口,最後餓死。

　　後來我又拍到很多類似的畫面,通常都是體型小的咬大的。我還拍攝過一隻螞蟻咬住食蚜蠅的腳因而被帶到半空中,當食蚜蠅在花朵吸蜜時被螞蟻發現,螞蟻為了占有地盤而開始攻擊。原本以為螞蟻僅咬不同種的螞蟻,沒想到同種不同巢的螞蟻也會互相殘殺。

日期: 95 年 3 月 7 日
地點: 觸口(嘉義)

1 2 3 |　**1_** 一隻螞蟻咬住食蚜蠅的腳因而被帶到半空中。瑞芳(新北市)
2_ 大頭家蟻咬臭巨山蟻的後腳,經過好幾天,最後被餓死晒乾。
3_ 小螞蟻咬住觸角以驅離大螞蟻。甘露寺(新北市)

攝影條件 F8 T1 ／ 125 ISO400 閃光燈補光

同種不同巢的螞蟻也會互相殘殺。崁頭山（台南）

台北巨山蟻的身體不見了，但依然緊緊咬住同伴的觸角。崁頭山（台南）

主 題 延 伸

我曾拍到一隻沒有腹部的台北巨山蟻在激烈戰鬥中，腹部被咬掉了但卻還能爬行，這些照片證實螞蟻的意志力和承受耐力超乎人類想像。

拍攝地點／崁頭山（台南）

攝影條件 F8 T1 / 125 ISO400 閃光燈補光

061
馬尾姬蜂產卵

膜翅目 | 姬蜂科

馬尾姬蜂 *Megarhyssa* sp.

日期：93 年 7 月 21 日
地點：霧社（南投）

發現一隻體型很小的姬蜂在樹幹上徘徊，回家用電腦看竟然是馬尾姬蜂產卵的畫面。

姬蜂分類於膜翅目，姬蜂科，台灣約有 629 種，體型皆小，觸角細長 16 節以上，不呈膝狀，具翅痣，翅脈發達，有 3 個盤室。雌蟲具細長的產卵管，寄生於他種幼蟲或蛹營生，成熟後爬出體外結繭化蛹，但也有少數寄生於他種姬蜂的幼蟲，稱為「次寄生蜂」。

馬尾姬蜂身體黑色，腹部狹長有黃色斑紋，雌蟲產卵管很長，牠靠觸角靈敏的嗅覺，找到天牛寄主所排放的糞便氣味，再高舉腹部將細長的產卵器鑽入樹幹內產卵，成為一個寄主。其卵孵化後，馬尾姬蜂的幼蟲比寄主小，所以完成生活史的時間要比寄主短而快，這樣才能順利的羽化。這種蜂能抑制樹木的天敵，像是天牛、象鼻蟲的數量，因此對森林保育來說功勞不小。

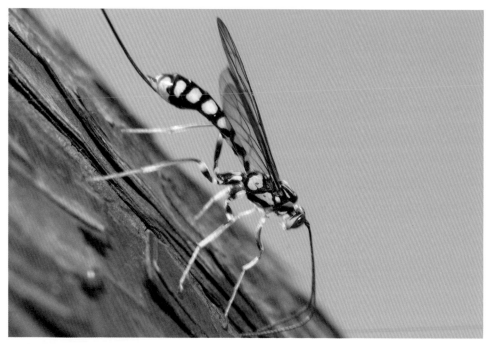

馬尾姬蜂觸角靈敏，能找到寄主的位置。

主題延伸

姬蜂的產卵器長度可達身體的 2～3 倍，產卵器包括可彎曲的「產卵管鞘」，內部有「產卵管」，由於產卵管很細，卵的直徑大於產卵管的直徑，所以卵在管中運行時會被拉長呈長條狀，到達寄主後才恢復原來的卵形。

拍攝地點／二子坪（台北）

1_ 另一種姬蜂，身體黃褐色，腹部具褐色環紋，雌蟲以觸角在樹幹上搜尋寄主，樹幹內有某種幼蟲棲息。建安（新北市）2_ 姬蜂的腹部寬長，當牠高舉尾部時，產卵管就能順勢往下方插入。建安（新北市）3_ 產卵器的外觀叫「產卵管鞘」，乍看質地堅硬如鋼管，姬蜂對準目標後不斷扭轉鑽入，再將「產卵管」注入卵，成為一個寄主。建安（新北市）

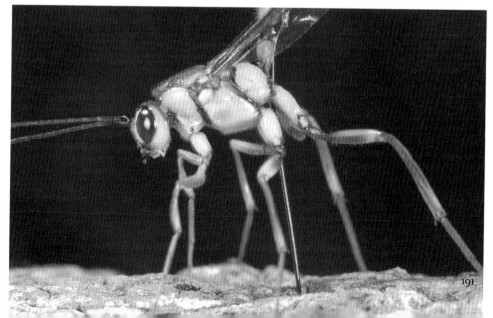

攝影條件 F16 T1 / 60 ISO200 閃光燈補光

062
擅於掘地的
螻蛄

直翅目 | 螻蛄科
東方螻蛄 *Gryllotalpa africana*

日期：98 年 9 月 15 日
地點：水里（南投）

　　螻蛄分類於直翅目，台灣有 3 種，外觀看起來像蟋蟀，但觸角較短，身體較長，過去常見於農家的稻田、溝渠，又稱「土狗」。

　　螻蛄為雜食性，主要以植物的根部或剛播下的種子為食，也吃蚯蚓。比較有趣的是這種蟲喜歡掘土潛藏，因為牠的前腳有一個能掘土像釘耙的構造，可快速的挖土。其實牠也算是夜行性昆蟲，會趨光，天黑以後到地面活動，擅於疾走、游泳、飛行、挖洞和鳴叫，稱得上

是五項全能的昆蟲。

螻蛄前腳發展呈釘耙的構造，這個特殊構造，被稱做「開掘足」。許多昆蟲都有一些特殊的專長，像步行蟲的腳又細又長，雖有翅但不擅飛行，稱「步行足」；蝗蟲的後腳發達擅於彈跳，叫「跳躍足」；螳螂的前腳呈鐮刀狀，叫「捕捉足」；蜜蜂的後腳能採集花粉，稱「攜粉足」；足絲蟻的前腳膨大能分泌絲線為巢，稱「紡絲足」；仰椿象的後腳特扁平能於水中划行，稱「游泳足」。

夜晚時，沙灘上有很多螻蛄在地面爬行。八掌溪（嘉義）

主 題 延 伸

別小看搖蚊喔！牠可是振翅最快的昆蟲。蒼蠅每秒振翅 200 次、蜜蜂 300 次、蚊子 600 次，而搖蚊振翅則可高達 1000 次，這些昆蟲飛行時振翅頻率極高，因此會發出嗡嗡嗡的聲響。

拍攝地點／加九寮（新北市）

1_ 豔胸步行蟲的腳又細又長，擅於疾走，稱「步行足」。佐倉（花蓮）**2_** 台灣大蝗的後腳發達擅於彈跳，稱「跳躍足」。雙溪（新北市）**3_** 大螳螂的前腳呈鐮刀狀，叫「捕捉足」。銅門（花蓮）**4_** 義大利蜂的後腳能採集花粉，稱「攜粉足」。水上（嘉義）**5_** 足絲蟻的前腳膨大能分泌絲線為巢，稱「紡絲足」。板橋（新北市）

攝影條件 F16 T1 / 30 ISO200 閃光燈補光

063
真假榕果小蜂

膜翅目 | 長尾小蜂科
假榕果小蜂

📷
日期： 99 年 12 月 31 日
地點： 五尖山（新北市）

「無花果」其實是一種開花植物，開花和結果都在果實裡，牠跟一般植物一樣都需接受昆蟲授粉。榕果開花期爲了授粉，有專屬的隙洞給榕果小蜂進入裡頭產卵，當卵孵化後，以部分榕果爲食，幼蟲成熟，雄蟲會先羽化，由於雄蟲無翅，所以交尾後雌蟲帶著果內的雄性花粉從榕果的洞口飛出，到其他的榕果產卵，由於牠身上沾滿花粉，所以在進入另一顆榕果當下也同時授粉。

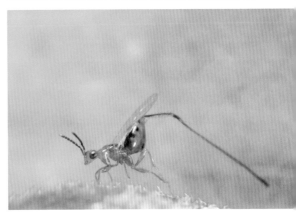

　　榕果與榕果小蜂單一的互動關係看來十分完美，但卻有意外。有一種「擬寄生小蜂」以極長的產卵管插進榕果寄生，幼蟲會破壞榕果小蜂的組織，並將果實蛀蝕，一旦榕果被寄生了，果實最後都會腐敗掉落。由於擬寄生小蜂長得很像榕果小蜂，所以有人稱牠們是「假榕果小蜂」。

　　有次我從山上帶了一個榕果回家放在瓶子裡，隔天裡頭出現好幾隻假榕果小蜂，原來這些外表看似無異狀的榕果，早已被假榕果小蜂寄生了。

1 2 5
3 4

1_「無花果」其實是一種開花植物。土城（新北市）**2_** 雌蟲帶著果内的雄性花粉從洞口飛出，到其他的榕果内產卵，有趣的是，榕果僅有二次機會於果端打開隙洞讓雌蟲進出，其餘時間都是封閉的。加九寮（新北市）**3_** 雄蟲終其一生都在黑暗的榕果裡，牠會先羽化，等待雌蟲羽化後交尾。文筆山（新北市）**4_** 假榕果小蜂產卵管很長，邊緣密生刺毛。**5_** 牠用後腳清理這些刺毛，等待交尾，然後到其他的榕果寄生。土城（新北市）

主 題 延 伸

螳小蜂也是一種寄生性小蜂，體長約3.5mm，體色具金屬光澤，複眼紅棕色，後腳腿節膨大，下緣呈鋸齒刺突，脛節弧形內彎。雌蟲具細長產卵管，會於螳螂的螵蛸内產卵，寄生螳螂的卵以繁衍後代。

拍攝地點／金龍湖（基隆）

攝影條件 F8 T1 ／ 100 ISO400 自然光源

064
沫蟬的泡沫

半翅目｜沫蟬科

紅紋沫蟬 *Cosmoscarta uchidae*

日期：92 年 5 月 11 日
地點：土城（新北市）

沫蟬是半翅目同翅亞目的昆蟲，具刺吸式口器，吸食植物汁液為食。台灣沫蟬科有 11 屬 28 種，其中紅紋沫蟬最為常見，寄主苧麻、姑婆芋、香蕉、通木等多種植物，成蟲黑色具紅色斑紋，若蟲無翅會製造泡沫為巢。

我在屏東霧台發現一隻紅紋沫蟬，若蟲正在製造沫巢，胸背部白色，腹背紅色，外形肥胖很可愛。若蟲吸食大量植物汁液後，就直接由肛門排出來和腹端所分泌的黏液混合攪拌成

泡沫裹身，這些泡沫不容易被水溶化，因此具有保濕、防晒等保護功能，且沫蟬躲在泡沫裡天敵也看不到牠，好處很多。

當沫蟬在巢裡時就不再移動，主要吸食莖枝或葉片汁液為食。所有的沫蟬都會吐泡沫，若蟲和成蟲的顏色、形態都不一樣，每一種沫蟬通常都有特定的寄主，然而紅紋沫蟬的寄主植物比較多樣化，其他常見的沫蟬多寄主禾本科、豆科、懸鉤子、台灣款多。

紅紋沫蟬，若蟲身體肥胖很可愛。霧台（屏東）

主 題 延 伸

紅紋沫蟬的若蟲從初齡到終齡都在巢裡度過，我曾在屏東雙流國家森林遊樂區拍到一隻即將羽化的紅紋沫蟬，翅膀和斑紋隱約可見，這是我唯一拍到的一張，十分珍貴。

拍攝地點／雙流（屏東）

1_ 紅紋沫蟬，若蟲集體在密花苧麻的枝條上製造泡沫，巢與巢相連，躲在裡面吸食枝條上的液體，不用擔心天敵，安全有保障。木柵（新北市）**2_** 紅紋沫蟬寄主多種植物，成蟲反而較喜歡吸食姑婆芋、香蕉葉片的汁液。青山瀑布（新北市）**3_** 一點鏟頭沫蟬是另外一種沫蟬，寄主禾本科。龜山（宜蘭）**4_** 一點鏟頭沫蟬若蟲身體較小，綠色。龜山（宜蘭）**5_** 一點鏟頭沫蟬成蟲，頭、胸部寬扁像鏟子。龜山（宜蘭）

chapter

5

Insect Record

耐人尋味的
有趣行為

攝影條件 F16 T1 / 30 ISO200 閃光燈補光

065
朝生暮死的
蜉蝣

蜉蝣目 | 四節蜉蝣科
蜉蝣

📷
日期：94 年 1 月 1 日
地點：滿月圓（新北市）

古書記載，蜉蝣朝生暮死，意思是形容牠早上剛羽化，到了晚上生命就結束了，比喻生命的短暫，但其實蜉蝣的生命不只一天，若計算稚蟲的整個生活史，推估蜉蝣應有一年的壽命，但成蟲壽命只有 1～2 天，在昆蟲界裡也算是短暫的。

蜉蝣自水中爬向岸邊的草枝上羽化，剛羽化的翅膀還不是很透明，要再等一次蛻皮才算是成蟲。成蟲翅膀透明具金屬光澤，其壽命雖

短，但牠並不會因此自暴自棄，相反的，自羽化那一刻起展翅飛翔，便開始在天空中熟悉環境，然後尋找配偶、交尾、產卵，一點也不浪費時光。

蜉蝣準備進行產卵時也是刻不容緩，牠無法像一般昆蟲慢條斯理的產卵，因為時間不多，所以以近似投水的方式產卵於水面。產卵季節時，有數不清的蜉蝣集體於河流產卵，由於雌蟲產卵後不久即死亡，這時可見大量的卵和蜉蝣屍體漂浮在水面，成為魚、蝦的食物，因此也只有極少部分的卵有機會孵化為稚蟲。即使如此，蜉蝣朝生暮死的型態，也向人們啓示，生命雖然短暫但不可以放棄希望，即使須臾的時間也可以讓生命活得很充實。

蜉蝣，成蟲身體柔弱，觸角短小，頭部能自由轉動，複眼發達，有三個單眼，翅膀透明，前翅大於後翅，停棲時直立於背上，具二條尾鬚。明池（宜蘭）

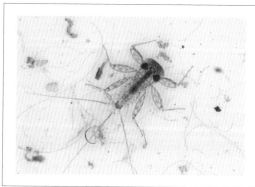

主 題 延 伸

扁蜉蝣稚蟲棲息於水底，其體形相當怪異，頭、胸部特大，身體扁平，複眼長在背面，靠腹側的氣管鰓呼吸，植食性，幼生期很長，有的要脫皮 20 餘次。

拍攝地點／天祥（花蓮）

剛羽化的翅膀不透明，稱為亞成蟲。滿月圓（新北市）

成蟲棲息於水邊，等待交尾或產卵。竹崎（嘉義）

攝影條件 F8 T1 / 100 ISO400 閃光燈補光

066
褐斜斑黽椿象
的水舞

半翅目 | 黽椿科

褐斜斑黽椿象 *Gerris gracilicornis*

日期：101 年 1 月 19 日
地點：土城（新北市）

褐斜斑黽椿象是水棲的常見昆蟲，想要拍好牠並不容易，因為其習性敏感，一靠近就會離開，而且在陰暗環境使用閃光燈拍出來的背景會呈現黑色，反差大，拍攝出來的畫面效果較差。

褐斜斑黽椿象通稱「水黽」，牠的腳很長，上頭密布纖毛，憑藉著水的表面張力和腳上所分泌的油脂，使牠能任意地在水面上滑行和跳躍。

　　有次我在菜園的一個小水池發現褐斜斑黽椿象，由於水池底部布滿綠藻，加上陽光不大，沒有強烈的反差，相當適合柔光攝影，因此我開啓閃光燈，以斜射的方式來補光，依稀記得當時曝光值是 F8 T1 ／ 100 ISO400，閃光燈 M 模式，拍攝出來的效果相當不錯。

　　近似水黽攝影的水棲昆蟲還有划椿和仰椿，牠們都活動於水面上，由於水會吸收閃光燈的光源，因此無論使用多大光亮的閃光燈拍攝下來，畫面的背景都會呈現黑色，所以若在光線條件許可情況下，建議使用自然光，設定高快門和高感光度，再以開啓閃光燈但不直射水面的方式拍攝，出來的作品效果都會不錯。

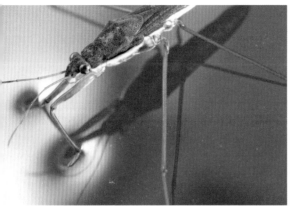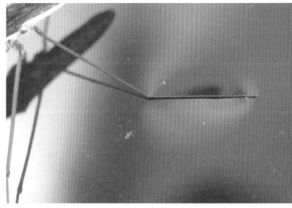

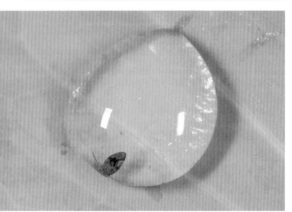

1 ²₄ ³₅ **1_** 由於水池底部布滿綠藻,加上陽光不大,適合柔光攝影。**2_** 褐斜斑電椿象的腳上密布纖毛,靠水的表面張力和腳上所分泌的油脂,使牠能夠漂浮水面。**3_** 褐斜斑電椿象,腳很長,能自由在水面上滑行和跳躍。**4_** 四紋小划椿象,身體微小,只有 2.2mm,放在水芋葉上的水滴拍攝。甘露寺(新北市)**5_** 作品呈現出來的感覺很棒,這些都是經驗的積累。甘露寺(新北市)

主 題 延 伸

小仰椿象,跟水電不一樣,腹部朝上,前、中腳縮到腹面,後腳像槳,腹側及後腳密生纖毛,擅於划行。終生棲息水面,以攜帶氣泡置於腹側的氣孔上呼吸,若乾水期會集體飛行遷移到另一個水池。

拍攝地點 / 鳥松濕地(高雄)

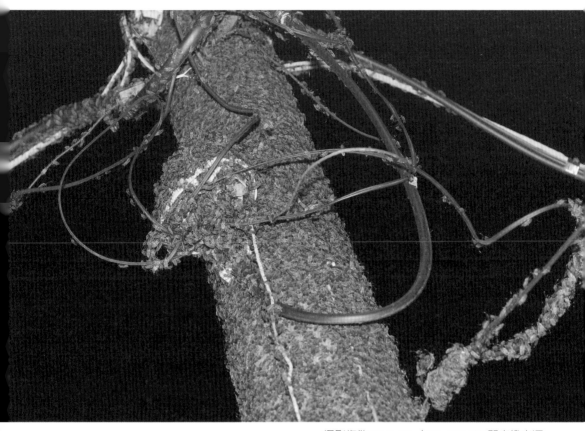

攝影條件 F5.6 T1 / 60 ISO400 閃光燈光源

067
姬大星椿象大發生

半翅目｜大星椿科

姬大星椿象 *Physopelta quadriguttata*

日期：93 年 5 月 10 日
地點：鎮西堡（新竹）

姬大星椿象，俗稱臭龜仔，用手碰觸會散發腥臭味，這種椿象相當普遍，從低海拔到高海拔可見，是一種趨光性很強的昆蟲。

有次和友人到新光部落，晚上在一根電線桿上看到數以萬計的姬大星椿象，層層疊疊，再往上抬頭一看，大為吃驚，因為整根電線桿被牠們包覆起來。我用相機拍了全景，又拍了地面的椿象，只見牠們安靜地停棲，好像約好似的聚集在一起。但為什麼只選這一根路燈

呢？附近相同的路燈不少，但都沒有椿象停棲。我猜附近應有某種農作物是這種椿象的寄主植物，由於夜晚時椿象會趨光，先來停棲的椿象可能會散發出一種氣味，因而吸引其他的椿象同伴也跟著飛過來。

　　我們拍照的時間是在晚上11點半，隔天再回到原地去看，發現電線桿和地面乾乾淨淨，一隻椿象也沒有，好像昨晚那一大群的姬大星椿象從未出現過一樣。我詢問了當地居民，然而他們並沒看過這根電線桿上的昆蟲，只說那陣子有很多臭龜仔飛到紗窗或飛進屋子裡。我猜想，應該是當地居民都很早就寢，而姬大星椿象大約是在晚上9點半以後開始趨光聚集，隔天5點或更早時就飛離，因此當地居民沒看過電線桿上密布椿象的畫面。

姬大星椿象翅面有4枚黑色斑點。阿里山（嘉義）

主 題 延 伸

古時候蝗災，數十億的蝗蟲彷彿烏雲罩頂，瞬間可將整片農田的作物啃蝕殆盡，然而這些蝗蟲的聚集原因至今依然不明。我在瑞芳山區拍過很多食蚜蠅在天空飛舞的畫面，食蚜蠅的下方正是菜園，據推測可能跟地面上的堆肥有所關連。

拍攝地點／瑞芳（新北市）

1_ 姬大星椿象大發生的原因不明。為什麼只在這根電線桿上呢？之後我又在同個月分前往，但電線桿上卻不見大量的椿象群聚。2_ 姬大星椿象將整根電線桿都包覆起來。3_ 電線桿下密布許多椿象，牠們很安靜，好似正在進行一場會議。4_ 層層疊疊的椿象擠在一起，但並沒有萬頭攢動。新光（新竹）

2
1 3
4

攝影條件 F16 T1 / 125 ISO200 閃光燈光源

068
螞蟻帶便當

膜翅目 | 蟻科
懸巢舉尾蟻

Crematogaster rogenhoferi

日期： 96 年 5 月 8 日
地點： 瑞芳（新北市）

蟎分類於蛛形綱，蜱蟎亞綱，寄生性或捕食性，通常體型都很小。

我曾拍攝到一隻螞蟻，牠的腳關節附著一粒像蜜囊的東西，當時對昆蟲的了解有限，以為牠能像蜜蜂一樣採集「蜜囊」，後來才知道這是被一種蟎寄生了。不過當時拍到這個畫面確實興奮了好一陣子，後來發現蟎寄生昆蟲到處可見。

　　蟎會以口器咬住寄主，牠有 8 隻腳，但肉眼不容易辨識。或許你會有個疑問，蟎會吸食螞蟻的體液嗎？答案是否定的。因為蟎的目的不在取食，而是像在搭公車一樣，當螞蟻到達適合的棲所時，蟎就會自行脫落，找尋真正的寄主。

　　有一年，在藤枝國家森林遊樂區的某個垃圾箱發現有好多蟎，腐敗的臭味從垃圾箱不斷傳出來，地面聚集好多蒼蠅、蜜蜂，然而每一種前來覓食的昆蟲身上都被蟎寄生，像得了一場瘟疫般。我正納悶為何不會到垃圾箱的樹棲性昆蟲怎麼會被蟎寄生，原來蟎就是透過像螞蟻這種公車，擴散到任何地方。

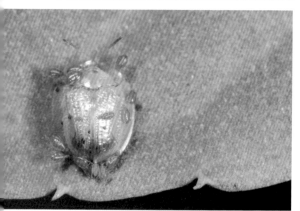

<table>
<tr><td>1</td></tr>
</table>

```
  2 3
1
  4 5
```

1_ 螞蟻的兩隻後腳都被蟎咬住了。**2_** 蟎咬到螞蟻的位置，都在腳的關節部位。土城（新北市）**3_** 幾乎每一種昆蟲都會被蟎寄生或附著，這隻竹節蟲被 3 隻蟎咬住，甩都甩不掉。冷水坑（台北）**4_** 甘藷龜金花蟲身上也有好多蟎，寄主昆蟲的蟎顏色、大小皆不一樣，可見是多個種類。土城（新北市）**5_** 橙斑埋葬蟲棲息在腐敗的屍體上，因為環境較差，所以幾乎每隻埋葬蟲身上都會附著數不清的蟎。碧綠（花蓮）

主題延伸

在林子裡拍到一隻食蟲虻獵取被蟎寄生的蜜蜂當食物，不久，蜜蜂身上的蟎也會爬到食蟲虻身體上。

拍攝地點／藤枝（高雄）

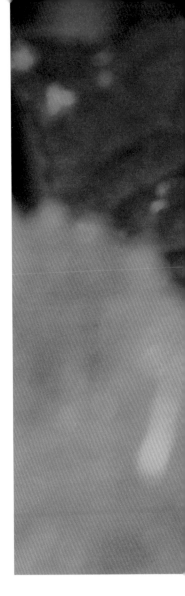

069
大難不死的紅邊黃小灰蝶

鱗翅目 | 小灰蝶科
紅邊黃小灰蝶 *Heliophorus ila matsumurae*

　　蝴蝶躲避天敵的方式，除了利用保護色、警戒色外，「斷尾求生」也是多數蝴蝶慣用的伎倆，但牠們卻不像壁虎那樣直接斷尾。多數蝴蝶尾部具有擬眼紋和二根尾毛，會上下搖擺，停棲時牠們總將頭部朝下，腹部翹高，好像在招呼天敵：你要吃我嗎？這裡才是頭部！當天敵毫不猶豫的往翅端啄，這時蝴蝶就會受到驚嚇而逃命。

　　有一年，我在陽明山二子坪步道發現一隻小灰蝶，牠的翅膀上半部和後半部不見了，從僅剩下的橙色斑紋可推測牠是紅邊黃小灰蝶無誤。我猜想，這隻可憐的小灰蝶牠應該是連續碰到二次攻擊，最先是被啄掉翅端，接著上緣也被啄傷。天敵誤把尾部看成頭部，而翅緣的紅色斑紋也成為第二次攻擊的目標，反而樸素沒有醒目斑紋的頭部和翅基部未受到攻擊，由

📷
日期：94 年 9 月 16 日
地點：二子坪（台北）

1 2 3 | **1_** 紅邊黃小灰蝶翅端鮮豔，有二根尾毛。瑞芳（新北市）**2_** 蘇鐵小灰蝶的翅端有擬眼紋，天敵會誤以為是頭部而啄食，讓小灰蝶有機會逃命。水上（嘉義）**3_** 犁紋黃夜蛾的幼蟲，尾部有紅色斑紋，讓天敵分不清頭尾。土城（新北市）

攝影條件 F8 T1 ／ 60 ISO400 閃光燈光源

此可以證明，蝴蝶的擬眼紋和顏色是有作用的，不僅僅只是用來裝飾而已。我也曾看過一種犁紋黃夜蛾的幼蟲寄主於野棉花，牠的外形也是常讓天敵分不清楚頭、尾，我用特寫拍了頭部和尾部，仔細觀察，會發現尾部看起來更像頭部，顯然許多昆蟲都會利用以假亂真的方式來保命。

犁紋黃夜蛾幼蟲，尾部還有2枚像眼睛的斑紋，讓這部位看起來更像頭部。土城（新北市）

其實犁紋黃夜蛾幼蟲真正的頭部顏色很淡。土城（新北市）

主 題 延 伸

雙線蛾，身體狹長，觸角白色。由於觸角很長，牠將2根觸角向後交叉於腹端，乍看之下尾部很像頭部，頭部反而沒有觸角，這種欺敵的方式跟紅邊黃小灰蝶不同，但效果一樣。

拍攝地點／石壁山（雲林）

攝影條件 F16 T1 / 60 ISO100 閃光燈光源

070
小心扁鍬的
大顎

鞘翅目 | 鍬形蟲科

扁鍬形蟲 *Dorcus titanus sika*

日期： 96 年 9 月 17 日
地點： 土城（新北市）

昆蟲保護身體可簡化成「積極保命」和「消極保命」兩種，「消極保命」是以模仿自然物欺敵，委屈自己或犧牲某一部分不重要的器官保命，這類通常使用偽裝伎倆；而「積極保命」則以主動攻擊令天敵退怯，這類昆蟲通常具有銳利的大顎、布滿棘刺或具毒性。

鍬形蟲具有發達的大顎，形態威武，然而牠也有膽小的一面。有一次我在山區發現一隻扁鍬，當牠感受到危機時立即六腳一縮裝死，

但大顎是張開的，這時我以為牠裝死就沒有攻擊性，立刻把牠抓起來放在手掌上。沒想到，牠正處於警戒狀態，因此當大顎一碰觸到我的手心牠就立刻發動攻擊，用大顎夾住我的手，我只好先忍痛拿相機拍了一張，再小心地將大顎扳開，否則若情急用力拉可是會皮開肉綻血流不止。

　　有了這次經驗，讓我了解到昆蟲雖然裝死，但其實牠還是有觀察能力，只是在等待時機找尋機會逃走或發動攻擊。

扁鍬形蟲大顎有齒突，具攻擊性。瑞芳（新北市）

主題延伸

長管食植瓢蟲也會掉落到葉片上裝死，不過牠還有另一項絕招，那就是從關節分泌黃色臭液，讓鳥類不想吃牠。除此之外，象鼻蟲、椿象、金花蟲，有些蝴蝶、蛾類也都會使用裝死的伎倆。

拍攝地點／南澳（宜蘭）

1
  2
3

1_ 扁鍬形蟲遇到天敵或騷擾會腹部朝上、四腳朝天裝死。**2_** 以為裝死的扁鍬形蟲不具威脅性，沒想到牠後來用大顎夾住我的手指。**3_** 下次見到扁鍬形蟲時不妨做個實驗，用帽沿去碰觸扁鍬的大顎，牠會立刻夾住不放喔！土城（新北市）

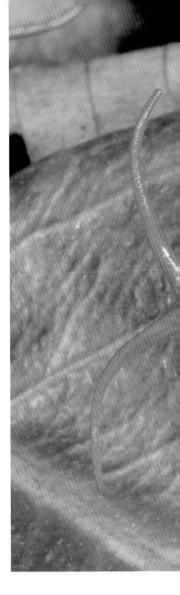

071
別再玩大鳳蝶的臭角

鱗翅目 | 鳳蝶科

大鳳蝶 *Papilio memnon heronus*

　　早齡的大鳳蝶幼蟲外形模仿鳥糞，終齡模仿蛇，蛹模仿樹葉，當天敵靠近或欲啄食時，大鳳蝶幼蟲還有一招，那就是立刻伸出臭角來嚇唬敵人。臭角外形像似分叉狀的蛇信，顏色鮮紅，而且還具有濃濃的柑橘氣味。

　　許多人都知道大鳳蝶幼蟲會吐臭角，因此當有小朋友在場時還會故意去碰觸幼蟲的頭部，或許當下小朋友看到突然伸出的臭角時都會嚇一跳，不過這種行為多做幾次後就沒反應了，反而變成在逗弄大鳳蝶開心。

　　有次和友人到牛伯伯蝶園又看到大鳳蝶幼蟲，由於我想拍攝臭角的特寫，正要伸手去逗弄牠時，朋友卻要我別碰牠，那時我還不明就裡，過了 10 分鐘後我

日期： 94 年 12 月 1 日
地點： 加九寮（新北市）

1 2 3 | **1_** 大鳳蝶，雌，有細小的尾突，黑色。烏來（新北市）**2_** 大鳳蝶，早齡幼蟲模仿鳥糞。烏來（新北市）**3_** 大鳳蝶，蛹模仿小葉，垂掛在枝條上。霧社（南投）

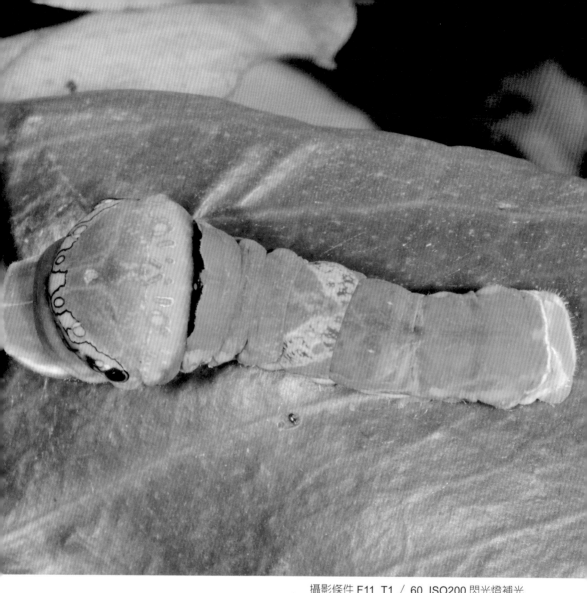

攝影條件 F11 T1 ／ 60 ISO200 閃光燈補光

們又回到此處，卻發現大鳳蝶的幼蟲不見了。朋友指著剛剛那片葉子，只見上面有墨綠色的液體，這時我懂了，原來幼蟲被胡蜂吃掉，只留下一灘水。本來幼蟲以保護色隱藏，胡蜂找不到牠，但當牠伸出臭角因而釋放出的氣味卻被胡蜂聞到，很快地就洩漏了牠的行蹤而成為別人的食物。從這事件發生後，我便不再拍攝鳳蝶的臭角，且每當受邀演講時，我都會跟大家分享這個「故事」，希望志工們帶團時別再作出故意碰觸大鳳蝶的行為。

1 | 2

1_ 大鳳蝶的臭角會釋放濃濃的柑橘氣味，反而容易被天敵發現牠的位置。土城（新北市）**2_** 日本長腳蜂聞到氣味，很快地就找到獵物並將其吃光光。瑞芳公園（新北市）

主題延伸

椿象、瓢蟲、竹節蟲碰到天敵時，也會釋放臭液嚇阻天敵；有些蛾類幼蟲遇到騷擾會吐出黑色的臭液，讓天敵沒有食慾；而五斑虎夜蛾幼蟲一遇到危急就大便，這一招也有效喔！

拍攝地點／望天崎（嘉義）

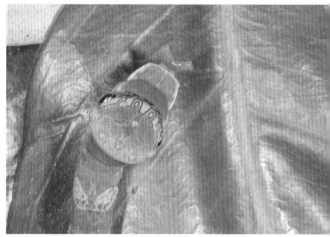

1_ 大鳳蝶終齡若蟲，體型很大
具白色斑紋。安坑（新北市）
2_ 危險狀況消除，收回臭角。
安坑（新北市）3_ 臭角完全不
見。安坑（新北市）

072

卵金花蟲覆糞產卵

鞘翅目｜金花蟲科

卵金花蟲 *Oomorphoides* sp.

　　某天我在草嶺山區拍照，那天蟲況不佳，坐在樹下沒事便翻翻裡白楤木的葉子，沒想到竟發現有好多黑色細小的卵金花蟲，其中一隻卵金花蟲腹部末端正在排出一粒黑色的東西，原本我以為是糞便，但牠卻又用後腳托住，一付很怕這東西掉落的樣子。接著，我又觀察到其他卵金花蟲也有同樣行為，這時恍然大悟，原來牠們是在產卵，因此卵金花蟲媽媽將剛產下的卵以後腳托住，並不停地轉動卵，好將金黃色的糞便包裹上去。卵金花蟲為什麼要把自己的卵裹上又臭又髒的大便呢？

　　後來我在其他地方拍到另一種瘤金花蟲，發現牠也會排卵裹糞，且觀察到附近的瘤金花蟲幼蟲身上背負橢圓形的袋子四處爬行，一旦遇到騷擾便立刻將頭部縮進去。

日期：97 年 6 月 12 日
地點：草嶺（雲林）

1 2 3 ｜　**1_** 卵金花蟲，體長僅 2.5mm，橢圓形沒有斑紋。建安（新北市）**2_** 發現一隻卵金花蟲正在排出一粒疑似糞便的東西，但牠的後腳怎麼托住並不停的旋轉呢？利嘉林道（台東）**3_** 原來是卵金花蟲媽媽產卵了。只見牠不停的轉動卵以裹上金黃色的糞便。

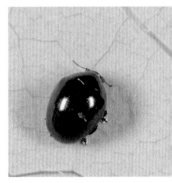

攝影條件 F16 T1 / 30 ISO200 閃光燈補光

原來，瘤金花蟲媽媽產卵裹糞後，卵便在糞便裡孵化成為幼蟲，這時糞球外表逐漸乾硬成殼，孵化的幼蟲便把它當作巢袋躲在裡面，或者是扛著覓食，這種行為就像避債蛾的幼蟲一樣，只不過避債蛾是自己製作巢袋，卵金花蟲的巢袋是媽媽產卵時送給寶寶的愛心禮物。

瘤金花蟲產卵時也利用後腳托住然後裹上糞便。陽明山（台北）

瘤金花蟲幼蟲孵化後，就扛著乾掉的糞殼到處爬行尋找食物，當遇到天敵時就把頭縮進糞殼裡，這習性就像避債蛾的幼蟲一樣。土城（新北市）

主題延伸

大避債蛾的幼蟲以斷枝殘葉吐絲築巢，覓食時會伸出頭部，遇到騷擾就縮進巢裡，很像躲避人家討債一樣，所以叫「避債蛾」。幼蟲羽化，雄蛾有翅飛出，雌蛾無翅，一生都生活在巢裡。

拍攝地點／瑞芳（新北市）

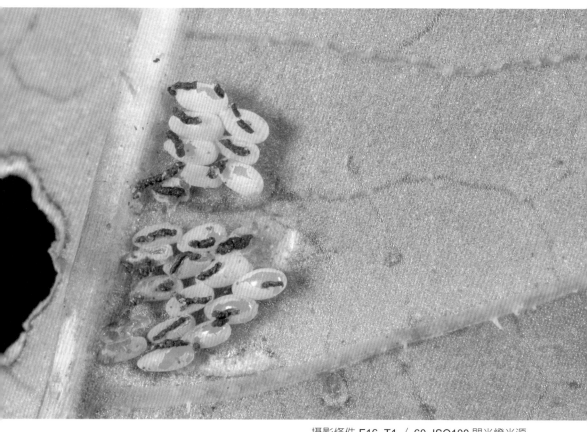

攝影條件 F16 T1 / 60 ISO100 閃光燈光源

073
緬甸藍葉蚤護卵的招術

鞘翅目｜金花蟲科

緬甸藍葉蚤 *Altica birmanensis*

日期：98 年 3 月 17 日
地點：明池（宜蘭）

緬甸藍葉蚤全身呈藍黑色具光澤，翅鞘有細刻點呈縱向條紋，腹面藍黑色。牠的近似種很多，由於緬甸藍葉蚤寄主專一，若是在火炭母草上看到大概就是牠了！成蟲全年可見，常成群覓食火炭母草，遇到騷擾會彈跳飛離或裝死掉落草叢裡。黃昏常見緬甸藍葉蚤的集體婚禮以及交尾的畫面，有時可見 3 ～ 4 隻相疊在一起，場面十分熱鬧。

有一次我在火炭母草葉片上發現很多黃色

的卵，每一粒卵上面都有黑色的條狀物，原來這是緬甸藍葉蚤媽媽的傑作。當牠產完卵後會在每一粒卵上頭覆上自己的條狀大便，聽起來似乎很噁心，你或許會納悶牠爲何會把排泄物放置在卵上呢？

其實這是一個很有趣的行爲，緬甸藍葉蚤媽媽將卵覆上糞便主要是爲了保命，這樣一來就不怕卵被螞蟻搬走，且有了糞便覆蓋，大多數的天敵也沒有獵食的興趣，你說，緬甸藍葉蚤媽媽是不是很聰明呢？另外，還有卵金花蟲、瘤金花蟲媽媽也會產卵裹糞，這也是避免生下來的卵被天敵吃掉才採取這種方法，是不是很有智慧呢？

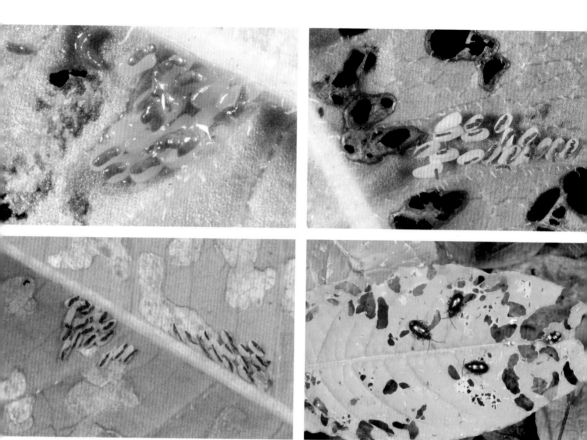

1 2 3
4 5

1_ 緬甸藍葉蚤在火炭母草上寄主，交尾。觀霧（新竹）**2_** 緬甸藍葉蚤將卵產在火炭母草葉背，並立刻在每一粒卵上覆蓋一條糞便。五指山（新竹）**3_** 不久之後，這些糞便會變得乾硬，看起來就沒那麼噁心了！五指山（新竹）**4_** 每一粒卵上面都有糞便，這樣螞蟻就不會把牠搬走。陽明山（台北）**5_** 卵孵化後，幼蟲和成蟲都以火炭母草的葉片為食。觀霧（新竹）

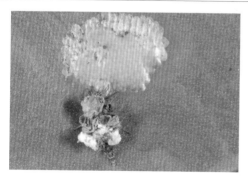

主 題 延 伸

昆蟲為了延續族群，在產卵、護卵上各有一套本事，草蛉的卵有一條絲繫在半空中；黃盾背椿象的卵由雌蟲守護；捲葉象鼻蟲的卵藏在搖籃裡。卵若曝露在外面，結果就像這張照片一樣，最後被蚜獅給吃乾抹淨了。

拍攝地點／土城（新北市）

攝影條件 F11 T1 / 100 ISO200 閃光燈補光

074
大黃金花蟲幼蟲覆糞

鞘翅目 | 金花蟲科
大黃金花蟲 *Podontia lutea*

📷 日期：95 年 5 月 18 日
地點：陽明山（台北）

　　大黃金花蟲又稱「大黃葉蚤」，體長是一般葉蚤的 3～6 倍大，身體黃色，觸角前二節黃色，其餘黑色，各腳黃色，脛節以下黑色，翅背有不明顯的縱向刻點。觀察大黃金花蟲的生活史很有趣，牠的寄主植物專一，只要找到植物山漆就能找到牠。

　　5 月間，我在陽明山一棵山漆上看到很多大黃金花蟲的幼蟲，有一隻雌蟲正在產卵，只見牠先排出黏液再將卵附著其上，一次可產下

18〜20粒。待卵孵化，幼蟲破殼而出後立即可取食嫩葉。剛出生的幼蟲會以自己排出的糞便裹身，讓身體變成黑色，好多幼蟲都這樣，擠在一起髒兮兮的。幼蟲漸漸長大，裹在身上的糞便也越來越多，甚至將全身包得密不透風。這些糞便是怎麼裹上去的呢？牠們又如何將腹端的糞覆蓋到頭頂上呢？可惜，我沒機會親眼見到牠們裹糞的畫面。

也許你會覺得糞很噁心，但其實它是無味的，表面覆著一層透明的油質，糞具有讓天敵不想捕食的功用，也可以保濕，到了終齡化蛹時牠們能輕易的將糞便甩掉，然後鑽到地下化蛹。

羽化後的成蟲呈金黃色，也以山漆葉為食。知本林道（台東）

主 題 延 伸

台灣長頸金花蟲，身體紅色，翅鞘靠近基部的刻點較少且光滑，以菝葜為寄主植物。幼蟲也會裹糞，幾乎都蓋滿全身。「糞」雖是排泄物，但對這些金花蟲的生存來說很重要。

拍攝地點／關山（台南）

1_ 大黃金花蟲的雌蟲在山漆的樹幹上產卵。2_ 卵孵化成幼蟲後，會以糞便裹身，將全身塗抹的髒兮兮，很多金花蟲科幼蟲都有這種行為。3_ 大黃金花蟲幼蟲是如何把糞堆到身上的呢？4_ 把自己包裹的密不透風。他們通常白天休息，夜晚覓食，所以裹糞的動作可能都在晚上進行。5_ 這些糞沒有臭味，上頭有一層油質，終齡幼蟲可一次甩掉所有的糞，然後爬到地下化蛹。

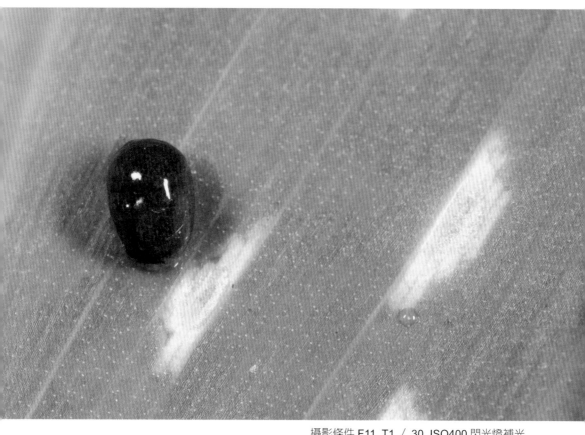

攝影條件 F11 T1 / 30 ISO400 閃光燈補光

075
野薑花上的
蟲糞

日期：96 年 6 月 16 日
地點：土城（新北市）

有一段時間我拍了很多各式各樣的蟲糞，昆蟲的糞並沒有臭味，不同的蟲糞有不同的顏色和形狀，甚至有些可以作爲分辨昆蟲種類的線索。有時候我會故意去碰觸，而意外發現覆蓋在糞便下的其實是一種幼蟲，像大黃金花蟲和長頸金花蟲的幼蟲就會排糞裹身，把自己藏在糞堆下，這樣天敵就不易發現其蹤影。

有一天早上，我到山區拍照，發現野薑花上有一坨糞便，橢圓形，外表油質，我用樹枝

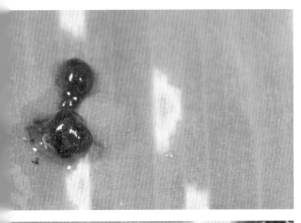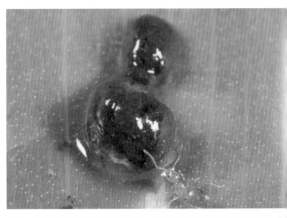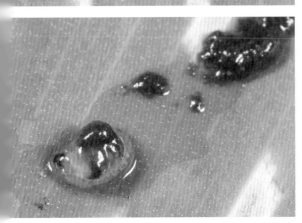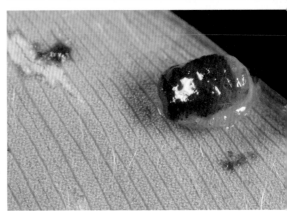

去碰觸，牠竟然動起來往前爬，原來是一隻幼蟲。我無法知道牠是哪種幼蟲，只見牠沒有安全感的四處逃竄，背上的糞掉落成二團，這時一隻螞蟻爬過來，牠似乎知道裡面有蟲。不久，這隻裹糞的昆蟲露出透明體色，牠在往前爬行不遠後，突然轉身把掉下來的糞都吃進肚子裡，這時身體一下子都變黑了，牠才安心的停頓下來，從外觀看起來又像是一坨蟲糞了。

　　這種幼蟲有點像金花蟲，但我無法確定，只知牠是極少數能背糞又能吃糞，模仿蟲糞保命的昆蟲。隔年，在附近山區又發現這種會覆糞的蟲，我確定和野薑花葉上所見是同一種。

1 2 5
3 4

1_ 用樹枝碰觸竟一分為二。**2_** 螞蟻發現，前面那一坨裡有蟲子在動。**3_** 這隻小蟲很沒有安全感的拚命往前爬，不久，好像想到什麼，又回頭將掉下來的蟲糞全都吃進肚子裡。**4_** 蟲糞吃光了，身體又變回黑色。**5_** 隔年，我在附近山區又看到會覆糞的昆蟲。

主 題 延 伸

一坨大便掛在葉尖，它真的很像蟲糞。我拿在手上感覺硬硬的，表面粗糙，原來是菱角蛛。模仿蟲糞的地方是腹背，正面可見頭、胸部，腹部兩邊較尖看起來像菱角，故稱「菱角蛛」。

拍攝地點／土城（新北市）

攝影條件 F16 T1 / 100 ISO400 閃光燈補光

076
黑紋龜金花蟲
背上的蛻

鞘翅目 | 金花蟲科
黑紋龜金花蟲
Laccoptera nepalensis

日期：93 年 4 月 11 日
地點：土城（新北市）

黑紋龜金花蟲分類於金花蟲科，龜金花蟲亞科，外觀呈橢圓形，頭部縮到前胸背板下，酷似烏龜。大多數的龜金花蟲都有專一的寄主植物，黑紋龜金花蟲以旋花科的牽牛花葉片為寄主，翅鞘黃褐色，左右有成對的黑斑。比較有趣的是幼蟲行為，幼蟲共有 5 齡，每次脫下來的皮都會留在腹端，並習慣把糞便堆積在上面，到了終齡這個蛻就像是一把扇子。

有一年，我在屏東拍到幼蟲利用蛻嚇阻天

敵的連續動作，當我靠近拍攝時，牠立刻將背上的蛻掀開然後再蓋上，全程大約3分鐘。黑紋龜金花蟲將烏黑的蛻覆蓋在背上，由上往下俯視看不出牠是一隻蟲，蛻可說是牠的「偽障」，但當發現天敵時「偽障」會掀開，豈不是讓天敵看到盧山眞面目了嗎？原來掀開蓋子是嚇阻天敵的一種動作，當牠高舉「偽障」時可看到最上方是一齡，最下方是四齡所留下來的蛻。

黑紋龜金花蟲，成蟲翅鞘有成對的黑斑。賽嘉（屏東）

主題延伸

甘藷龜金花蟲寄主甘藷葉片，幼蟲身體呈綠色，體側密生刺毛，腹端黏附1～4齡所留下來的蛻，仔細觀察可清楚分辨出最上方較小，最下方較大。

拍攝地點／竹子湖（台北）

1_ 當幼蟲發現天敵靠近，會將「偽障」掀開以嚇阻天敵。賽嘉（屏東）2_ 從另一個
角度來看，蛻被高高舉起，像不像是一把扇子呢？賽嘉（屏東）3_ 約3分鐘後危機
解除，這個「偽障」會蓋起來。賽嘉（屏東）4_ 從側面可以觀察到牠緩慢的將「偽
帳」蓋起來。賽嘉（屏東）5_ 當「偽障」完全蓋住身體時，就不再移動。賽嘉（屏東）
6_ 黑紋龜金花蟲的幼蟲棲息在葉片上，從上方看不出牠是一隻昆蟲。天祥（花蓮）

攝影條件 F16 T1 ／ 125 ISO400 閃光燈光源

077
會搖擺的大蚊

雙翅目 | 大蚊科

全大蚊 *Trentepohlia* sp.

日期： 94 年 11 月 6 日
地點： 烏來（新北市）

　　大蚊的外形很像蚊子，但牠不會叮人，一般來說體型較大，而蚊子是蚊科，大蚊是大蚊科，在分類上兩者並沒有親密的關連。區分這二類可從胸背板來觀察，大蚊科胸背板有一個突起的 V 形縫，蚊子胸背板癒合，蚊子的幼蟲叫孑孓，為水棲昆蟲；大蚊幼蟲可水棲或陸棲，成蟲不會飛到家裡。有些大蚊群聚棲息在溪邊的岩石隙縫裡，其他多半喜歡陰暗的林下，以前腳吊掛在半空中。

我在烏來的某棵樹幹上發現一隻大蚊不斷搖擺身體，想拍牠卻不容易對焦，只好約略計算焦距按下快門，最後成果還不錯，有幾張對到焦。我將照片畫面做成連續動畫，大蚊就在電腦螢幕上不停的搖擺。

　　拍攝過程中，我發現越靠近牠，牠搖擺的速度就會越快，稍微離遠一點，牠的搖擺速度就放慢了許多，原來大蚊搖擺是為了讓天敵找不到目標啄食，就像拍照無法對到焦一樣的困難。會搖擺的大蚊很多種，由於牠們的腳很長，所以搖擺的動作明顯，我不禁好奇，大蚊長時間搖擺會不會累呢？

發現越靠近牠拍照，牠的搖擺速度就會越快。五尖山（新北市）

主題延伸

蛾蚋，分類於雙翅目蛾蚋科，喜歡棲息在葉子上並不斷的轉圈圈。跟大蚊搖擺身體一樣，這是一種避敵行為，目的是讓天敵找不到目標，但求偶時轉圈圈則變成一種舞蹈。

拍攝地點／瑞芳（新北市）

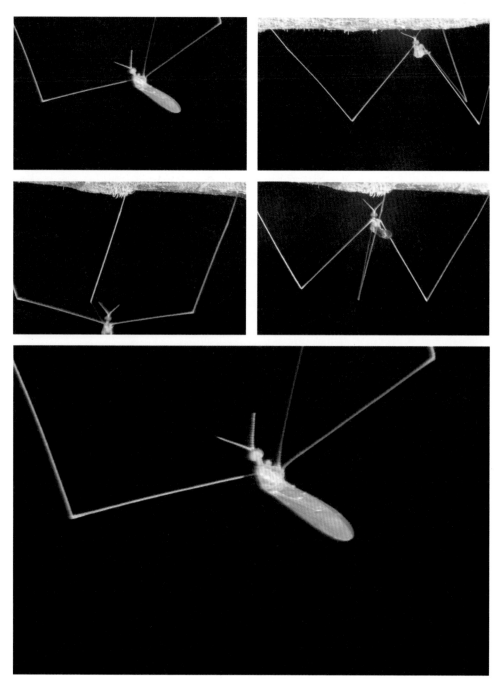

1_ 約略估算焦距不斷按下快門。2_ 我發現離遠一點牠搖擺的速度就變慢了。3_ 原來大蚊搖擺是為了讓天敵找不到目標啄食。4_ 要拍全大蚊搖擺身體需要很有耐心，動作太快也會飛離。5_ 牠們棲息在陰暗隱密的角落，即使飛走後也會再飛回來，繼續搖擺身體。

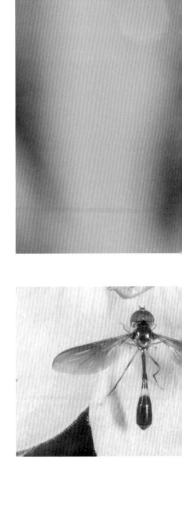

078
食蚜蠅飛翔之舞

雙翅目 | 食蚜蠅科

前蚜蠅 *Episyrphus* sp.

　　食蚜蠅是一種以捕食蚜蟲命名的雙翅目昆蟲，然而只有幼蟲會吃蚜蟲，一般成蟲不吃蚜蟲，只以花蜜爲食。有些食蚜蠅在吸食花蜜之前擅於空中定格飛行，這種行爲對喜好攝影的人來說是表現技巧的最好機會，因此很多攝影同好都體驗過拍攝食蚜蠅定格飛行的經驗。

　　我在文筆山的林道裡，發現一隻食蚜蠅在半空中飛行，但牠並不是爲了吸食花蜜而停駐於半空中，感覺像是在巡視領域。在同一個地方左右飛翔，有時牠會衝到我的眼前再突然飛離，看來我是闖入領域者，因而牠顯現有點焦急，不時向我衝撞。

　　這種食蚜蠅體型很小，我一逮到機會，便趕緊拿出 180mm 的微距鏡拍下牠飛行的舞蹈。熟悉牠飛行

日期：99 年 6 月 21 日
地點：土城（新北市）

1 2 3 | **1_** 食蚜蠅腹部有一道黃色橫紋。帕米爾公園（台北）**2_** 牠不是為了吸食花蜜停駐於半空中，感覺像是在巡視領域。**3_** 在同一地方左右飛翔，有時牠會衝到我眼前，再突然飛離。

攝影條件 F8 T1 / 200 ISO800 閃光燈補光

的路徑便更容易掌握快門的瞬間，我設定好拍照模式，檢視畫面背景氣氛不錯，便集中對焦和快門，拍了數十張後我的手痠了，食蚜蠅也飛累了，才各自離開。這一組照片效果不錯，有別於其他食蚜蠅採蜜的畫面。

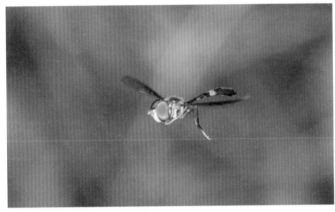

我用 180mm 鏡頭設定手動對焦，熟悉環境後拍照變得比較容易，大多都能對準焦點。

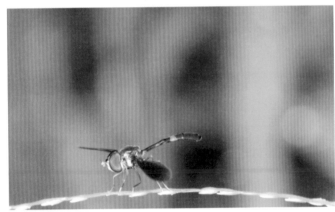

牠不採蜜，而以固守領域飛行，這種行為很特別。

主題延伸

青條花蜂也是攝影的題材之一，牠在採蜜時也會定格飛行，然後在迅速奔向花朵的瞬間，伸出長舌準備吸蜜。飛行時會發出高頻聲響，取食時間很短但會在同一個地方多次取食，十分忙碌。

拍攝地點／瑞芳（新北市）

攝影條件 F8 T1 / 125 ISO200 閃光燈補光

079
可愛的小紅姬緣椿象

半翅目 | 姬緣椿科

小紅姬緣椿象 *Leptocoris augur*

📷 日期：92 年 10 月 10 日
地點：水上（嘉義）

小紅姬緣椿象分類於姬緣椿科，本科只有4 種，和另一種紅肩姬緣椿象都以倒地鈴爲寄主植物。在我家鄉的庭院裡有很多倒地鈴，每年 8 ～ 12 月間，可見植株結出一個個外形宛若鈴鐺的果實，這種小紅姬緣椿象和倒地鈴有著密不可分的關係，通常只要有倒地鈴的地方就會有小紅姬緣椿象的存在。成蟲有二型，長翅和短翅，以前以爲短翅是若蟲，後來發現好幾對短翅型的在交尾，才知曉是我誤會了。

　　小紅姬緣椿象以倒地鈴的莖枝、果實汁液爲食，但也曾見過少數會吸食死掉的同伴。以前過年回到鄉下，牠們是我攝影時的最佳模特兒，若蟲吸食倒地鈴果實的畫面很可愛，只見牠用細長的喙插入果實裡，然後像馬戲團的小丑般在枝條上搬動，這種蒴果球形，外層很硬，牠能刺穿果實然後吸食汁液，相當不簡單。

　　另一種紅肩美姬緣椿象，在我家庭院只出現過一次，身體黑色，複眼紅色，前胸背板左右有紅色縱紋，和小紅姬緣椿象混棲，數量很少。

1 2
3 4 5

1_ 倒地鈴是無患子科中極少數的蔓性草本植物。**2_** 小紅姬緣椿象的若蟲吸食倒地鈴果實，若蟲具翅芽，但短翅型的成蟲不一樣。**3_** 小紅姬緣椿象若蟲用腳勾住果實，模樣很可愛。**4_** 小紅姬緣椿象的成蟲有二型，短翅型前翅橙紅色，沒有膜質翅。**5_** 紅肩美姬緣椿象也是本科的成員，身體黑色，複眼紅色，前胸背板左右各有一條紅色縱紋，以倒地鈴植物為寄主，常見和小紅姬緣椿象混棲但數量稀少，為新入侵的外來種。

主 題 延 伸

長腳家蟻嘴裡叼著一粒大於身體好幾倍重的黑色果實，螞蟻的力氣很大，猜測牠應該是要搬回巢裡，然而洞口是否容得下這粒果實呢？想必螞蟻不會評估搬運物和洞口的大小關係，反正只要有食物牠就會很開心的搬走吧！

拍攝地點／信賢步道（新北市）

080
喜愛清潔的昆蟲

螳螂目 | 螳螂科
魏氏奇葉螳螂 *Phyllothelys werneri*

在魏氏奇葉螳螂的頭頂上有一個突出的犄角，這種螳螂體型不大，但擅於飛行。有一年我在天祥的路燈底下發現一隻魏氏奇葉螳螂，當我想要靠近牠拍照時，牠竟然騰空飛到路燈上方，以 360 度順時針方向繞圈圈。繞了好幾大圈後，才又再度降落地面。我不死心再次企圖靠近，這時發現牠竟正在清洗觸角，動作相當伶俐。

觸角是昆蟲的重要器官，我拍過很多昆蟲清洗身體的照片，大琉璃食蟲虻取食後會清洗前腳，確保下次能靈敏的獵食；虎甲蟲用中腳清洗翅背的模樣也很可愛。

八年前，我曾在一條林道附近的菜園裡，趴在草地上偷窺一隻冠蜂洗澡，只見冠蜂專注的用右後腳清

日期： 99 年 7 月 8 日
地點： 五尖山（新北市）

1 2 3 | **1_** 魏氏奇葉螳螂頭頂有一突起的犄角。二叭子（新北市）**2_** 大琉璃食蟲虻正在清洗前腳。明池（宜蘭）**3_** 深山小虎甲蟲用中腳清洗翅背。觀霧（新竹）

攝影條件 F16 T1 ／ 60 ISO400 閃光燈光源

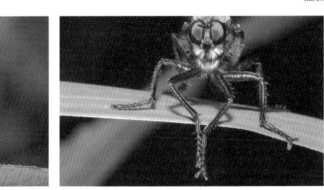

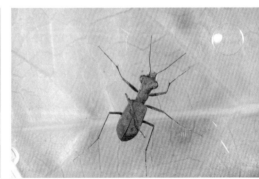

洗產卵管、左後腳，接著
清洗中腳、前腳及翅背，
最後用前腳清洗觸角和複
眼，牠仔細地清理身體的
每一個部位，時間長達 10
分鐘之久，可說是一隻相
當愛乾淨的昆蟲。

1 | **1_** 我趴在草地上偷窺一隻冠蜂洗澡，冠蜂專注的用後腳
2 | 清洗產卵管。**2_** 接著用後腳清洗翅背。

主題延伸

夜晚在路燈下看到大螳螂捕食昆蟲，這時
牠的眼睛轉變為黑色，但並不表示視力不
佳。即便路燈下也能靈敏的捕捉獵物，用
餐後牠會以口器清洗腳爪和身體的每一個
部位。

拍攝地點／烘爐地（新北市）

3_ 然後用左邊的中腳清洗左後腳。**4_** 再用右邊的中腳清洗右後腳。

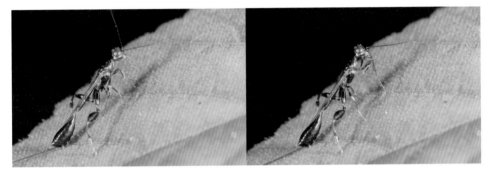

5_ 前腳清洗中腳。**6_** 前腳清洗觸角。

7 _ 最後清洗眼睛。

081
蟻舟蛾的保命技巧

鱗翅目 | 舟蛾科
蟻舟蛾 *Stauropus* sp.

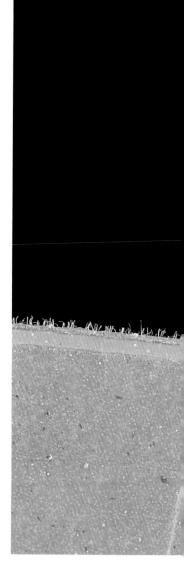

　　不同種類的蟻舟蛾其寄主植物也不相同，譬如龍眼蟻舟蛾寄主龍眼樹，錫金蟻舟蛾寄主錫蘭橄欖樹等。蟻舟蛾的頭部小，尾部常上舉，姿態十分特別，對於喜愛生態攝影的人來說，牠可算是最佳的模特兒了！

　　某次我在蘇花公路的血桐樹上發現二隻蟻舟蛾，牠們把整片葉子啃出一個大洞，當我舉起相機準備拍照時，或許是因閃光燈而受到驚嚇，只見二隻幼蟲立刻倒地裝死，裝死的蟻舟蛾身上呈現石灰質的白色，很像鳥糞。再靠近一點拍攝，才更清楚看到蟲體並沒有全身倒下，其尾部還是上舉，並於端部有分叉狀的尾突。等待了一會兒，幼蟲開始起身爬行，這時我從側面捕捉畫面，發覺牠的模樣很像螞蟻，然而再怎麼模仿牠終究還是一隻假的螞蟻啊！

日期：97 年 12 月 4 日
地點：蘇花公路（花蓮）

1 2 3 ┃ **1_** 這一大片洞洞是二隻蟻舟蛾作的好事。**2_** 蟻舟蛾爬行的姿態很像螞蟻。**3_** 裝死的蟻舟蛾尾部翹高高的，末端分叉，模仿蛇信嚇唬天敵。

攝影條件 F11 T1 ／ 125 ISO200 閃光燈補光

我把照片放到電腦上觀察細節，發現蟻舟蛾爬行時頭部有很多枝狀的東西，原來這是牠的前腳向前伸出以模仿螞蟻的大顎，較長的中腳彎曲模仿螞蟻觸角，第三對腳才搭配腹足用來爬行。蟻舟蛾具有多種行為，包括模仿鳥糞、裝死、擬態螞蟻、擬態蛇，不僅能欺騙天敵還具有恐嚇天敵的效果，這些保命的伎倆相當有趣。

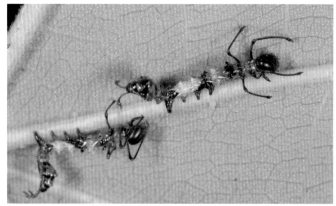

這二隻蟻舟蛾爬到葉片上，習慣把尾部翹高擬態蛇的模樣，背部也有模仿鳥糞的顏色欺敵。

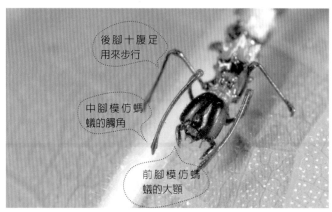

後腳十腹足用來步行

中腳模仿螞蟻的觸角

前腳模仿螞蟻的大顎

牠的前腳較短，用來模仿螞蟻的大顎，較長的中腳向前彎曲模仿螞蟻觸角，第三隻腳搭配腹足用來爬行。

主題延伸

螞蟻是很多昆蟲喜愛模仿的對象，這是因為牠具有蟻酸和具攻擊性的大顎，會令天敵心驚膽戰而不敢輕舉妄動。螞蟻的特徵是具有發達的大顎，觸角長，甚長的第一節呈膝狀，胸、腹之間的1～2節有「腹柄」銜接。

拍攝地點/中和（新北市）

chapter

6

Insect Record

後代的繁衍

082

果實蠅的浪漫結合

雙翅目 | 果實蠅科

長鞘寬頭實蠅 *Dioxyna sororcula*

　　果實蠅，雙翅目，常見的物種有東方果實蠅，其幼蟲以果實為寄主，但並不是所有的果實蠅都跟果實有關。在台灣，已知本科有 155 種，許多種類的翅膀透明具鮮豔漂亮的斑紋，因此欣賞果實蠅也算是一種藝術。

　　有一種寄主於大花咸豐草的果實蠅，中文名叫長鞘寬頭實蠅，體型很小，大概只有 3.8 ～ 5mm，不仔細觀察還不容易發現。早年我就注意到這種昆蟲，每次在大花咸豐草的花朵上都會見到牠的蹤跡，從平地到中海拔皆可見，後來才知道牠是一種果實蠅。

　　長鞘寬頭實蠅的交尾行為相當特別，牠是雄蟲在上，雌蟲在下，雌蟲總是把外生殖器往上翹得高高的，從側面拍交尾的姿態，將綠色背景襯托得更加唯美，

📷

日期： 99 年 7 月 2 日
地點： 崁頭山（台南）

1 2 3 | **1_** 長鞘寬頭實蠅喜歡大花咸豐草的花。山中湖（新北市）**2_** 雄蟲在葉片上交尾的時間長達 20 分鐘，充滿喜悅的幸福感。四腳亭（新北市）**3_** 對一般昆蟲來說，雌蟲應該比雄蟲大，但這張照片的雌蟲比雄蟲小。四腳亭（新北市）

攝影條件 F16 T1 ／ 60 ISO100 閃光燈補光

成為我最喜愛攝影的題材之一。其實，從微距鏡觀察生物所看到的感動，不亞於大型昆蟲，果實蠅體型雖小，但微距鏡能拍到細節，「一沙一世界、一葉一如來」就是指微距攝影的視野。

有次我在侯硐山區，從大花咸豐草花朵裡拍到雌蟲產卵畫面，原來牠將卵產在花朵上，當卵孵化後，幼蟲便以花朵為食，不久，這朵花就會枯萎。

1 | 2

1_ 交尾後，雌蟲揹著雄蟲到花朵上產卵。土城（新北市）**2_** 在侯硐山區，看到一隻雌蟲單獨在花朵上產卵，卵孵化後，幼蟲以花苞為食，被寄主後這朵花會枯萎。侯硐（新北市）

主題延伸

豔細蠅休息時翅膀會不停扇動，體型小，外表呈黑色具光澤，複眼大，胸、腹間具柄。交尾時雄蟲在上，中、後足會舉高騰空，這種誇張的姿勢在其他昆蟲中很少見。

拍攝地點／涼山（屏東）

攝影條件 F8 T1 ／ 125 ISO400 閃光燈補光

083
蜂虻於空中交尾

雙翅目 | 蜂虻科
蜂虻

📷
日期： 96 年 10 月 24 日
地點： 安坑（新北市）

蜂虻是雙翅目昆蟲，外形看起來很像蜂，具刺吸式口器，成蟲喜愛訪花，幼蟲寄生性。雙翅目的昆蟲後翅特化為平橫棍，卻擅於飛行，僅用一對翅膀更為靈活，是許多鞘翅目昆蟲所望塵莫及的。

蜂虻擅於定點飛行，當牠選定要吸蜜的花朵時，會於前方定格飛行片刻，再飛向花朵吸蜜，有時足部不著花瓣而是騰空吸蜜，姿態像似蜂鳥。我曾在某個生態園區看過蜂虻飛舞，

有幾對就在空中交尾，當雌蟲要吸蜜時，雄蟲被拉著往花朵方向飛。牠們飛行的技術堪稱一流，我喜歡挑戰這種動態攝影，即使對焦或構圖失敗的機率很高，但當拍到主體後心中的感受是令人振奮的。

就在觀察牠們交尾畫面時，突然有另外一隻蜂虻飛過來搶婚，試圖趕走原本那隻雄蟲強取交配權，但最後都沒有成功。我被這些蜂虻飛來飛去的身影搞得頭昏眼花，正想要休息一會兒再來繼續拍攝時，忽然發現剛剛那一對進行交尾的蜂虻不見了，這時呈現在眼前的畫面，是一隻豹紋貓蛛捕獲蜂虻後將麻醉液注射進其體內，身體癱軟的蜂虻成為俎上肉，只能任其宰割。看到這一幕，內心有感生死一瞬間，世間果真無常。

1 2 3
  4 5

1_ 蜂虻具刺吸式口器，喜愛訪花。泰平（新北市）**2_** 從形態上看得出較大的是雌蟲，較小是雄蟲，雌蟲忙著吸蜜。**3_** 吸完蜜換雄蟲拉著雌蟲往另一朵花吸蜜，這是一對令人稱羨的夫妻檔。**4_** 突然一隻蜂虻飛過來搶婚，一下子在雌蟲這一端，一下子在雄蟲這一邊，試圖趕走雄蟲強取交配權，但最後都沒有成功。**5_** 我被這些飛來飛去的蜂虻搞得頭昏眼花，休息片刻再來觀察。啊！怎麼變成這樣？蜂虻成為豹紋貓蛛的獵物。

主題延伸

一對大橫紋芫菁在樹枝上交尾，另一隻雄蟲欲行搶婚。大橫紋芫菁成蟲喜歡訪花，幼蟲寄主蜂巢取食蜂蜜。這類芫菁遇到騷擾會分泌有毒的芫菁素，接觸皮膚後會引起發炎潰爛。

拍攝地點／北埔（新竹）

261

084
舞虻送禮

雙翅目 | 舞虻科
舞虻

　　舞虻，通常呈現黑色至褐色，胸背板隆突，具刺吸式口器，雄蟲有送禮交尾的行為。在昆蟲界，會送禮交尾的昆蟲不少，如食蟲虻、沼蠅、蠍蛉、糞金龜等。

　　第一次在二格山，一對舞虻從我眼前飛過，最後停在樹枝上排成一串，我趕緊拿起相機記錄，回到家中將照片放大來看，沒想到是三隻舞虻，因為覺得畫面中的行為特殊，因此請教昆蟲專家，後來才得知，原來這是「舞虻送禮」的行為。

　　畫面中最上方位置的是雄蟲，牠正與中間的雌蟲交尾，交尾前雄蟲會先捕獲獵物送給雌蟲當禮物，然後再趁雌蟲取食時與牠交尾，這樣一來，雌蟲在獲取營養後，交尾完便可順利產卵了。

日期：95 年 3 月 31 日
地點：二格（新北市）

1 2 3 | **1_** 舞虻的後腳發達，擅於捕捉獵物。信賢（新北市）**2_** 一對舞虻在枝葉間交尾，雌蟲取食雄蟲所送的禮物。觀霧（新竹）**3_** 腹部膨大的雌蟲即將產卵，正需補充大量營養，而雄蟲送來的禮物適時提供所需。觀霧（新竹）

攝影條件 F8 T1 ／ 125 ISO400 閃光燈光源

有了這一次經驗，往後在野外進行自然觀察時再看到這行為的機會感覺就變多了。最有趣的是，有次在阿里山拍到一對舞虻正在葉面上交尾，當時雌蟲正取食雄蟲所送的禮物，但奇特的是牠們竟然半躺著，我以為牠們都死了，便用手輕觸，沒想到就飛走了。

檢視許多照片後，我發現雄蟲送禮時都是捕食同科的小舞虻，但小舞虻也會送禮啊！那麼小舞虻雄蟲要到哪裡去找更小的舞虻給女朋友當禮物呢？

一對舞虻以半躺的姿態進行交尾，雌蟲還一邊取食雄蟲送的禮物，這種畫面很少見。溪頭（南投）

主題延伸

雄舞虻以右邊的前足攀掛在葉片，其負荷的重量除了雌蟲外還有獵物。昆蟲的腳爪密布刺毛，能附著於任何物體而不會掉落；當然有能力交配的雄蟲，體型都比較強壯，這也是優生學的自然法則。

拍攝地點／觀霧（新竹）

攝影條件 F8 T1 / 125 ISO400 自然光源

085
找錯對象的
昆蟲

鞘翅目 | 瓢蟲科

龜紋瓢蟲 *Propylea japonoca*

日期：92 年 5 月 14 日
地點：瑞芳（新北市）

傳宗接代是所有昆蟲的使命，許多成蟲為了尋找對象，「忙」的沒時間覓食，有些雄蟲交尾後立刻死亡，但為了生命延續，死亡對牠們來說不算什麼，而且是值得的。

一般來說，雄性是主動追求者，牠們從激烈的競爭者中脫穎而出，獲得雌蟲青睞而交尾，大多數雄蟲常因找不到對象，落寞地死亡。同種交配才能獲得正常的基因以延續下一代，但從野外觀察，確實會看到不同種類的昆蟲交尾。

　　某次在野外進行觀察時，發現有隻龜紋瓢蟲正在追逐赤星瓢蟲，最後赤星瓢蟲跑不動了，嬌小的龜紋瓢蟲見機不可失，就馬上爬到赤星瓢蟲的背上，不過無法看清楚牠們有沒有交尾。不久之後，我又拍到六條瓢蟲欲與赤星瓢蟲和七星瓢蟲交尾，看來個體甚小的六條瓢蟲精力旺盛，牠們總是追逐體型較大的對象。

　　或許有人會問，不同種的昆蟲交配後能生下後代嗎？答案是不行，生物分類階層為界、門、綱、目、科、屬、種，每個物種都有它獨特的基因數和基因排列，這是大自然的法則，因此物種才能擁有其獨特的外貌和行為。

1 2 3
1 4 5

1_ 同種不同斑紋的龜紋瓢蟲交尾，能生產變異斑紋的個體。八掌溪（嘉義）**2_** 第一次在瑞芳山區發現一隻龜紋瓢蟲追逐體型大很多的赤星瓢蟲，赤星瓢蟲氣喘噓噓的從草端爬到地面，又從下往上爬，怎麼也擺脫不掉對方的追求，對赤星瓢蟲來說真是一場夢魘啊！**3_** 六條瓢蟲欲與體型大很多的七星瓢蟲交尾。水上（嘉義）**4_** 體型甚小的六條瓢蟲精力旺盛，總是追逐體型較大的對象。水上（嘉義）**5_** 在太平山發現錦葵溝基葉蚤與緬甸藍葉蚤交尾，兩種體型也差很多。太平山（宜蘭）

主題延伸

白緣溝腳葉蚤在杜虹花的葉片上交尾，從這些照片不難看出昆蟲為延續下一代的用心，或者是還有「愛」的因素呢？

拍攝地點／瑞芳（新北市）

086

美刺亮大蚊交尾

雙翅目 | 亮大蚊科

美刺亮大蚊 Limonia（Euglochina）sp.

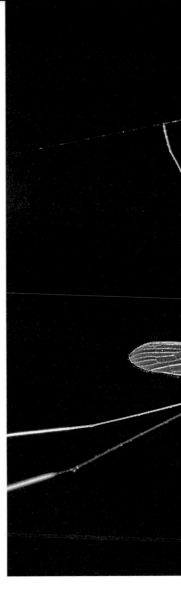

美刺亮大蚊是少數會掛在蜘蛛網上的昆蟲，我首次在二格發現，當時在樹林裡有 3 隻大蚊的前腳攀在蜘蛛網上，中、後腳騰空，整個身體隨風搖曳。奇怪的是，大蚊停在蜘蛛網上難道不怕被蜘蛛吃掉嗎？問了昆蟲專家後才知道，原來是因為大蚊身體太輕了，蜘蛛感受不到牠的重量，所以不知道網子上有食物。此外，我還拍過美刺亮大蚊在蜘蛛網上交尾的畫面，牠們簡直是把蜘蛛網當成秋千，享受搖盪般的舞蹈，看起來很幸福。

由於蜘蛛是靠結網捕食，當獵物不小心被困在蜘蛛網上時會不斷掙扎，蜘蛛就會透過網上傳來振動準確得知獵物所在位置，不用嗅覺就能獵取食物。記得某次我在八仙山某棟建築物的樓梯間，發現蜘蛛網上有著密密麻麻的黑點，本以為是剛孵化的若蛛，仔細

日期：97 年 3 月 01 日
地點：土城（新北市）

1 2 3 | **1_** 有 3 隻美刺亮大蚊掛在蜘蛛網上。二格（新北市）**2_** 美刺亮大蚊在蜘蛛網上交尾，隨風搖盪。**3_** 藍紫色的翅膀，纖細的長腳，彷彿是在空中跳著曼妙舞姿的舞者。

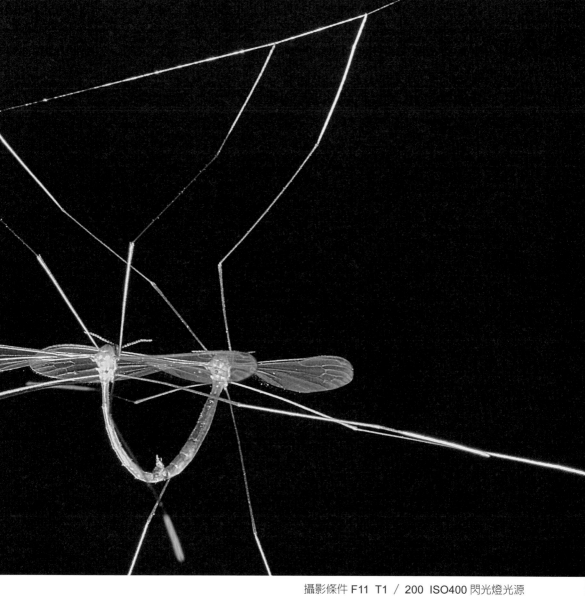

攝影條件 F11　T1 ／ 200　ISO400 閃光燈光源

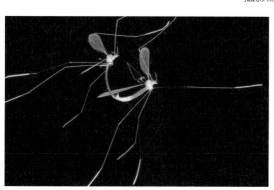
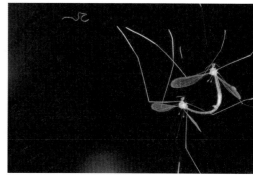

一看竟然不是，原來癭蚋也喜歡掛在蜘蛛網上，看著數千隻癭蚋吊掛著的畫面，好熱鬧啊！牠們幾乎把整個蜘蛛網給占滿，我不禁好奇蜘蛛怎麼不會抗議，家都快被外來者給占據，那牠還能捕獵食物嗎？或者蜘蛛與寄棲者存在著某種共生關係呢？

昆蟲著實有很多行為及模式是人類所無法理解的，唯有透過不斷的觀察及研究，才能更加了解牠們。

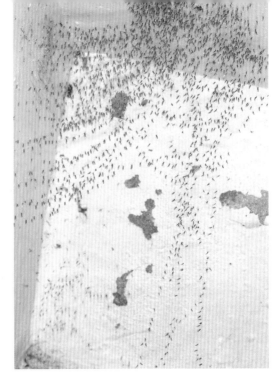

1 | 2

1_ 發現密密麻麻的癭蚋群聚在蜘蛛網上，牠們是用前腳吊掛著。八仙山（台中）2_ 癭蚋，幼蟲寄主於特定的植物，是一種能造「癭」的小昆蟲，成蟲體長僅 3～5mm，腹部褐色，翅膀透明。八仙山（台中）

主題延伸

身體瘦小的長大蚊用前腳掛在蜘蛛絲上，其中、後腳和身體縮成線形，看起來就像是「吊死鬼」。由於這是在一棵大樹下拍的畫面，長大蚊停棲的姿態彷彿枯枝般。

拍攝地點／桶後（新北市）

攝影條件 F8 T1 ∕ 60 ISO400 閃光燈補光

087
緬甸藍葉蚤
交尾

鞘翅目 | 金花蟲科

緬甸藍葉蚤 *Altica birmanensis*

日期：94 年 2 月 24 日
地點：藤枝（屏東）

　　緬甸藍葉蚤又稱「藍金花蟲」，其身體藍色具光澤，近似種不少，但可從牠專屬的寄主植物火炭母草辨識。藍金花蟲產卵覆糞的行為很特別，黃昏時的集體「婚禮」場面也很有趣。

　　某次在觀霧山莊前的火炭母草上，發現有好多藍金花蟲互相交疊著，因此不容易見到牠們的交尾情形，這也才引起我對這種昆蟲的好奇。在那個熱鬧的場面裡，仔細觀察後只找到一對正在交尾，大多數僅只是雄蟲跨在雌蟲背

271

上，有點像是一場遊戲，或者說是一種占有行為，而有些找不到伴侶的雄蟲，就跨到其牠昆蟲的身上，形成三疊，甚至四疊的畫面。

其實這種畫面在其他昆蟲身上也會發現。我就曾拍到一對六條瓢蟲正在交尾時，另一隻雄蟲又爬到牠們的背上，過一陣子後或許牠覺得無趣，便又爬了下來。有時看到這些小昆蟲覺得很可愛，和人類相較，牠們雖然卑微，但內心的世界彷彿跟人類一樣，有著喜、怒、哀、樂、占有、慾望與哀傷。

黃昏時刻，許多緬甸藍葉蚤在寄主植物上交尾、相疊，場面相當熱鬧。七星山（台北）

主題延伸

甘藷田裡發現好多甘藷蟻象，其中有一對正在交尾，這時其下方突然鑽入另一隻雄蟲，有趣的是牠還頂起正在交尾的 2 隻蟻象。

拍攝地點／八掌溪（嘉義）

1
　2
3

1_ 有些找不到伴侶的雄蟲就跨到別人身上形成三疊，看到牠們既熱情又焦急的模樣實在很可愛。七星山（台北）**2_** 在玉米田裡發現六條瓢蟲交尾，另一隻雄蟲又爬到牠們的背上。水上（嘉義）**3_** 沒多久後或許覺得無趣便爬下來了，看牠的表情似乎有點哀傷。水上（嘉義）

088
絨蟻蜂交尾

膜翅目 | 蟻蜂科

絨蟻蜂 *Radoszkowskius oculata*

　　絨蟻蜂，雌蟲體長約 10mm，雄蟲約 17mm。雌蟲無翅，胸部橙紅色，腹部黑色有 2 枚白色圓斑，全身長滿絨毛，擅於地面爬行，形態似蟻，故有「絨蟻蜂」之稱；雄蟲有翅，胸部黑色，腹部紅棕色，1～2 節窄但無柄，末端黑色。

　　雌蟲常見，交尾時雄蟲會飛到地面咬住雌蟲的頸部，用六隻腳抱住雌蟲然後飛到隱密的枝葉間交尾，交尾後雌蟲會到地面尋找蜂巢產卵，卵孵化後幼蟲以外寄生方式取食巢裡的卵和幼蟲，少數種類寄生於螞蟻、鞘翅目和雙翅目昆蟲。

　　第一次在宜蘭的梅花湖觀察到絨蟻蜂，發現牠習性敏感，遇到驚擾就會在枯葉裡慌張逃竄，一般見到的絨蟻蜂都是獨行，為非群居社會性昆蟲。有次到新

日期：94 年 9 月 9 日
地點：小南坑（新竹）

1 2 3 ┃ 1_ 雄絨蟻蜂交尾後，抱著雌蜂放到地面。2_ 絨蟻蜂，屬於針尾類，是一種會螫人的蜂。三峽（新北市）3_ 雄蟲通常有翅，極少數無翅，但都不容易看到，不同種類的絨蟻蜂斑紋也不一樣。八掌溪（嘉義）

攝影條件 F8 T1／250 ISO400 閃光燈補光

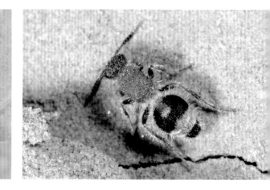

竹拜訪友人，在他家附近的山坡上巧遇絨蟻蜂交尾。那次是我首次見到雄蜂，牠有著細長的翅膀，體型很大。牠們的交尾行為也很特別，雄蜂會咬住雌蜂的頸部挾在腹下，就像帶走獵物般的飛到樹上再進行交尾，結束不久後又將雌蜂帶回地面然後飛離，留下孤獨的雌蜂在地面尋找產卵的巢穴。

較常見絨蟻蜂雌蟲，有時牠會在地面，有時又出現在枝葉間，習性敏感。梅花湖（宜蘭）

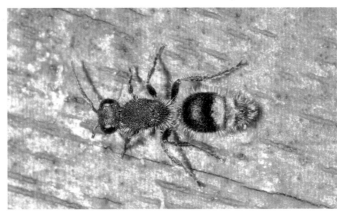

發現一隻黑色絨蟻蜂，其腹端具白色斑紋。三峽（新北市）

主題延伸

小白紋毒蛾，雌、雄形態各異，雄蟲頭、胸及前翅黃褐色，前翅有暗色條紋；雌蟲翅膀退化，不能飛行。雌蟲羽化後會散發費洛蒙吸引雄蟲交尾，然後產卵於繭上。幼蟲以多種植物寄主，繁殖能力很強。

拍攝地點／山中湖（新北市）

攝影條件 F16 T1/60 ISO200 閃光燈光源 | 清境（南投）

089
昆蟲的求婚儀式

鱗翅目 | 粉蝶科

端紅蝶

Hebomoia glaucippe formosana

📷

日期：94 年 4 月 14 日
地點：安坑（新北市）

　　覓食和交尾是昆蟲一生中的兩件大事。昆蟲交尾大多是雄蟲追逐雌蟲，交尾前常有求偶的動作。求偶的形式很多種，像螽蟴和蝗蟲以聲音傳情；蟬則是雄蟬間以鳴聲較勁，希望得到雌蟬青睞；螢火蟲則是雄蟲在黑夜裡以光點吸引雌蟲。在野外很容易觀察到昆蟲求偶的多種形式，有兩情相悅，也有以暴力相向的，只要您放慢腳步，用心去感受，就能發現大自然裡的昆蟲是多麼有趣。

有次我拍到一隻雄的端紅蝶飛向雌蝶，雌蝶立刻翹高尾部表示拒絕，雄蝶看到後很有風度的就離開，這種行為在紋白蝶中也很常見。但也有完全相反的例子，我曾看過一隻雄性細蝶突然飛向雌蝶，以幾近暴力的動作強行交尾，相對於黑鳳蝶的求偶之舞，顯然人家就比較懂得溫柔浪漫了。

　　除此之外，我也曾在姑婆芋葉上拍到蛾蚋跳求偶之舞，然後交尾；豆芫菁交尾前會以觸角摩擦雌蟲示愛；有些蛾類會以雌蟲所散發的費洛蒙吸引雄蛾交尾，昆蟲的生命雖然短暫，但當你靜下來用全新的視野觀察，大自然會帶給你許多驚奇和讚嘆！

端紅蝶，雌蝶尾部翹高，表示拒絕雄蝶求偶。

主 題 延 伸

多數蛾類以雌蛾所分泌的性費洛蒙吸引雄蛾，這種氣味能讓遠自二公里外的雄蟲透過觸角嗅覺，在黑夜的森林裡找到雌蛾交尾。

拍攝地點／知本（台東）

1　2
3　4
　　5

1_ 台灣紋白蝶雌蝶拒絕雄蝶的求偶。**2_** 黑鳳蝶飛行之舞後，當雌蝶同意才會雙雙降落到枝葉間交尾。夢谷（南投）**3_** 發現一隻雄性細蝶突然飛向雌蝶，以強迫的動作交尾，受到驚嚇的雌蝶一時間不知所措。下巴陵（桃園）**4_** 某種蛾蚋在姑婆芋葉上轉圈圈舞蹈，再行交尾。馬美（新竹）**5_** 豆芫菁是有毒昆蟲，雄蟲交尾前會以觸角纏繞、摩擦向雌蟲示愛。三芝（新北市）

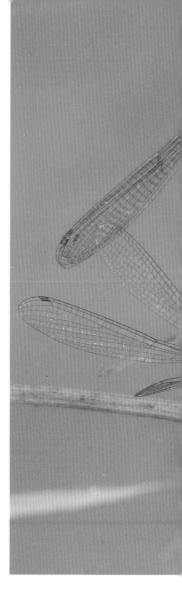

090
昧影細蟌集體產卵

蜻蛉目 | 細蟌科
昧影細蟌 *Ceriagrion fallax fallax*

「蜻蜓點水」是在形容蜻蜓產卵的行為，但並不是所有的蜻蜓都採用這種方式產卵。蜻蜓產卵的形式相當多種，像是昧影細蟌產卵於水草的莖枝上；棋紋鼓蟌產卵於水底的枯枝敗葉；麻斑晏蜓將卵藏在浮葉下；無霸勾蜓則是以插秧的方式產卵等，各有其獨特的方式。

而朱黛晏蜓會將卵產於池邊的土裡，青紋絲蟌則將卵產於水邊的樹枝或芒草的莖葉，但卵孵化後稚蟲有能力爬到水裡嗎？我感到疑惑？後來猜想，卵孵化的時機應該會選擇下雨的天氣，剛孵化的稚蟲才可以順著雨水流入水中。

某次在四崁水的一塊水田裡，發現好多昧影細蟌的蹤影，有的正在交尾，有的已經在產卵了。雄蟲護

日期：94 年 4 月 21 日
地點：四崁水（新北市）

1 2 3 | **1_** 昧影細蟌，雌蟲將卵藏在水生植物的莖枝裡。**2_** 霜白蜻蜓以「蜻蜓點水」的方式產卵於水中。帕米爾（台北）**3_** 青紋絲蟌產卵於水邊的葉肉裡，卵孵化，稚蟲會隨著雨水流入池塘裡。明池（宜蘭）

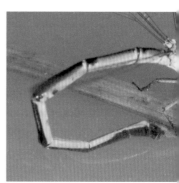

攝影條件 F8 T1 ／ 60 ISO200 閃光燈補光

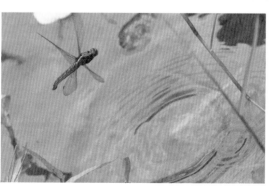

衛雌蟲產卵，雌蟲細心的把卵藏在水生植物的莖枝裡，此時此刻這個水田好熱鬧呀！彷彿是昧影細蟌的「產房」一樣。

　　短腹幽蟌的產卵方式也很特別，雌蟲不畏水流湍急，會潛入水中將卵產在水底的岩石細縫裡，時間可長達 5 ～ 20 分鐘之久，而雄蟲則是在岸邊護衛。

朱黛晏蜓產卵於土中，產卵的時間並不像「蜻蜓點水」那麼匆忙，不過卵孵化後，稚蟲要有能力爬到水中，所以孵化的時間可能會選在下雨的天氣。帕米爾（台北）

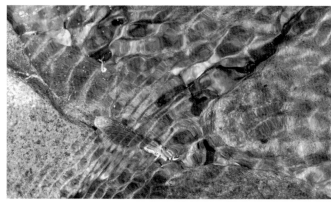

短腹幽蟌產卵於湍急的溪底，產卵時雄蟲會在岸邊護衛。陽明山（台北）

主 題 延 伸

蜻蛉目主要分為兩大類，豆娘和蜻蜓。蜻蜓為不均翅亞目，兩複眼的距離緊密，停棲時翅膀張開，不能合併。豆娘為均翅亞目，翅膀前後大小、翅脈相似，兩複眼分離，停棲時翅膀可以張開、合併。

拍攝地點 / 天上山（新北市）

攝影條件 F11 T1 ／ 100 ISO400 閃光燈光源

091
螞蟻爭奪與
交尾

膜翅目 | 蟻科

偽毛山蟻 *Pseudolasius* sp.

日期：97 年 4 月 8 日
地點：天祥（花蓮）

　　螞蟻、白蟻、搖蚊在繁殖季節都會婚飛，但螞蟻婚飛的畫面較不容易看到。婚飛是指昆蟲為了交配，出巢群集在空中飛舞，雄蟲取得交配權後便降落至地面交尾。

　　有次在天祥的某個路燈下發現許多有翅的螞蟻擠成一團，其中有一隻體型特別大，那是雌蟻，其餘體型很小的都是雄蟻。體長還不到雌蟻一半的雄蟻企圖和雌蟻交尾，便追逐著雌蟻並爬到牠背上，但實在是很不容易啊！因為

其他的雄蟻也想與雌蟻交尾，要是沒有點能耐，一下子就被其他雄蟻趕了下來，而雌蟻禁不住這麼多隻雄蟻的騷擾，就會拚命的向前逃，看到這般情景讓我十分感概，這些雄蟻都是為了傳宗接代的使命而不惜一切代價，拚了老命也要和雌蟲交尾，雖然獲得交配權的機會很小，交尾後就會死亡，但為了延續命脈的使命，也只好孤注一擲，而交配後的雌蟲則孤獨的尋找巢穴，建立一個新的螞蟻王國。

　　我曾在草嶺山的路邊，發現某種懸鉤子植物的葉背有好多螞蟻的屍體，這些螞蟻非常小，都是有翅膀的雄蟻，我猜測牠們應該是在一個婚飛追逐的場面下，全部掉進懸鉤子葉片上死亡的吧！

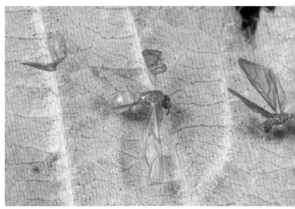

2 3
1
4 5

1_ 偽毛山蟻,雄蟻體型很小,不到雌蟻的一半,婚飛後降落地面,開始一場交配權的爭奪戰。**2_** 雌蟻被眾多雄蟻追逐,禁不住騷擾,拚命的向前逃命。**3_** 幸運的雄蟻爬到雌蟻背上,但來不及交尾就被其他的雄蟻趕了下來。**4_** 最後一定有一隻真正幸運的雄蟻得到交配權,不過交尾後牠就會死亡。**5_** 許多雄蟻在婚飛後全部掉進懸鉤子葉片上死亡。草嶺山(雲林)

主 題 延 伸

在某種懸鉤子植物的葉背上發現好多螞蟻屍體。螞蟻婚飛後,雌蟻就離開現場,到一個隱密的地方另築新巢,但可憐的雄蟲,多數得不到交配機會,卻全都死在懸鉤子所密布的腺毛上。

拍攝地點/草嶺山(雲林)

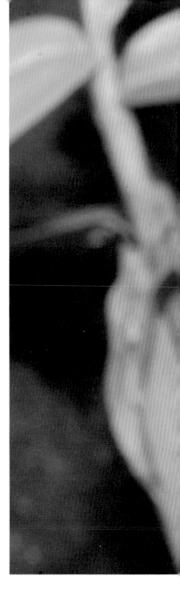

092

蜻蜓交尾

蜻蜓目｜細螅科

紅腹細螅 *Ceriagrion latericium ryukyuanum*

　　「交尾」是指雌、雄蟲尾部對尾部相交，但蜻蜓卻沒有，問題出在上帝給牠們創造出一條細長的腹部，兩條又細又長的腹部要相交確實有點困難，於是雄蜻蜓多出一個「副生殖器官」，位在腹部二節下方，又稱「儲精囊」。當雄蟲欲與雌蟲交尾前會先將腹端生殖孔的精苞存放於此，然後用牠特有的尾鋏——攫握器，挾住雌蟲的頸部，雌蟲將腹端彎曲接觸雄蟲的「儲精囊」授精，而形成一個像「愛心」的特殊圖形。

　　受精後不久，雌蟲便可產卵了。產卵的環境依種類會有所不同，像是不均翅亞目的蜻蜓類，包括蜻蜓科、晏蜓科等，雌蟲會獨自到水邊產卵；而均翅亞目的豆娘類，包括細螅科、絲螅科等，雌蟲產卵時雄蟲仍會挾住其頸部，以防止被其他雄蟲騷擾，確保產下的後代是自己的基因。

日期：92 年 8 月 29 日
地點：瑞芳（新北市）

1 2 3 ｜　**1_** 細胸珈螅交尾前，雄蟲會挾住雌蟲頸部，再帶到產卵環境。**2_** 雄蟲先將腹端的精苞移到腹部 2 ～ 3 節間的「儲精囊」。**3_** 雌蟲再把腹部捲曲與「儲精囊」授精，而形成一個「愛心」的圖形。（左）

攝影條件 F16 T1／60 ISO100 閃光燈補光

蜻蜓交尾時呈「愛心」的畫面十分有趣，過去拍了數百張各式各樣交尾的畫面，其中又以豆娘類的「愛心」圖像最為明顯，而蜻蜓類的「愛心」形狀就有點扁長，但都不離「愛心」的外形。

弓背細螅交尾，也有一個「愛心」的圖形。牡丹（新北市）

青紋絲螅交尾形成的「愛心」圖形也很漂亮。鎮西堡（新竹）

主題延伸

粗鉤蜻蜓，蜻蜓「交配器官」位於腹部第2節，交尾前雄蟲會有「移精」的行為，將腹部末端的精苞由生殖孔移置於「交配器官」後（又稱「副生殖器」、「儲精囊」），才會開始尋找雌蟲交配。

拍攝地點／汐止（新北市）

chapter
7
Insect Record

生命的盡頭

093

黑條黃麗盾椿象的強韌生命力

半翅目 | 盾椿科
黑條黃麗盾椿象 *Lamprocoris giranensis*

　　某日和友人來到崁頭山附近一條林道上，我發現一隻身體受傷的椿象，猜牠可能被某種鳥類啄傷了腹部。從牠僅剩的胸部斑紋來看，研判應該是一隻黑條黃麗盾椿象，而且是雌蟲。黑條黃麗盾椿象的肚子裡有十幾顆晶瑩剔透的卵，這些卵還來不及孵化出來就被啄傷了，看到此景，想必任何人都有惻隱之心，會為牠的遭遇感到不捨吧！

　　如此難得的畫面，吸引現場很多人圍觀，大家紛紛拿出相機來拍攝。拍完後我們將牠放回葉片上，面對牠的遭遇，我們一點也幫不上忙，也不曉得尚有一絲氣息的椿象還能撐多久？腹中的卵是否能順利孵化？其實我有想過把牠帶回家，保護這些卵不再被螞蟻搬走，但考量到我是否有能力照顧，包括溫度和濕度的控制，最後還是順其自然，或許讓牠留在原來的

📷 日期：98 年 10 月 25 日
地點：崁頭山（台南）

1 2 3 | **1_** 黑條黃麗盾椿象，盾背上的斑紋很亮麗。侯硐（新北市）**2_** 這些卵還來不及孵化就被啄傷了，看到此景令人驚訝。**3_** 紅腺長椿象的腹部也不見了，但還能行動自如。東埔（南投）

攝影條件 F11 T1 ／ 60 ISO400 閃光燈補光

環境其孵化機率會較大吧！

1
2

1_ 一隻趨光的姬蜂飛到燈光底下，令人訝異的是牠沒有腹部也能飛。白河（台南）**2_** 沒有腹部的巨山蟻竟然還能爬行。夢湖（新北市）

主 題 延 伸

蝗蟲以後腳彈跳，因此斷足的機會很大，除了天敵的因素外，也可能是不小心被雜物夾到而受傷；竹節蟲斷腳可以再生，而蝗蟲斷足只能拐著另一隻腳走路，不像人類有義肢協助，只能憑藉意志力來尋找食物維生。

拍攝地點／觀霧（新竹）

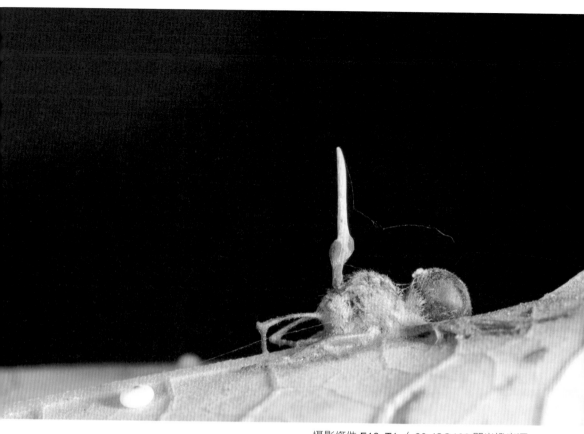

攝影條件 F16 T1 ／ 60 ISO100 閃光燈光源

094
冬蟲夏草

膜翅目 | 蟻科

黑棘蟻 *Polyrhachis dives*

日期： 99 年 2 月 9 日
地點： 利嘉林道（台東）

冬蟲夏草主要產地位於西藏、青海、四川等海拔 3000 公尺以上的高山灌木帶草坡。有種「蟲草蝙蝠蛾」的幼蟲會棲息在土裡，被一種「冬蟲夏草菌」寄生並蠶食幼蟲直至死亡。到了春天，菌絲會開始生長，當夏天來臨時就長出地面，外觀像是一根小草，於是「蝙蝠蛾幼蟲的軀殼」和「冬蟲夏草菌」的子實體被挖出來，這個「複合體」就叫「冬蟲夏草」，是中國傳統的名貴中藥材。

有學者認為凡是由「蟲草屬真菌」寄生並能生出子實體的「菌物結合體」，都可通稱為「冬蟲夏草」。有次我在一個長滿野薑花的濕地發現一隻螞蟻被真菌寄生了，這隻螞蟻的身體呈木乃伊狀，頭部卻奇異的長出一株棒狀物，像某種植物充滿生機，原來這就是民間所說的「冬蟲夏草」繁殖方式。冬天蟲體被真菌寄生，到了夏天長出子實體，等待機會崩裂散播更多看不見的細小孢子，隨著氣流飄散，再去附著其他的蟲體，倒楣的被附著了，不久就會生出一根「草」。螞蟻被寄生而長出子實體的過程近似，但因為生長期不同，所以不能作為藥材使用。

被真菌寄生的是這種棘蟻。蓮華池（南投）

主題延伸

被「冬蟲夏草菌」寄生的「蟲草蝙蝠蛾」，分類於蝙蝠蛾科。這種蛾我在明池見過，明池海拔約 1500 公尺，台灣的蝙蝠蛾幼蟲是否會被真菌寄生而生出「冬蟲夏草」呢？有興趣的朋友不妨留意腳下是否有稀罕的名貴藥材。

拍攝地點／明池（宜蘭）

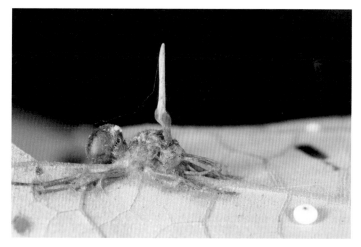

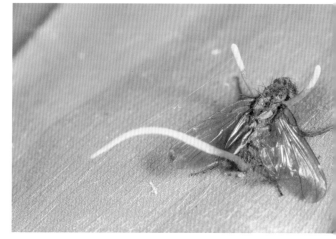

1 2
3

1_ 螞蟻被寄生而長出的子實體,過程近似卻不能當成藥材。2_ 近似這種行為不僅只有螞蟻,我還拍到蒼蠅和蜘蛛,也被真菌寄生長出子實體。土城(新北市)3_ 蒼蠅被寄生後,子實體從身體最薄弱的隙縫鑽出,胸側兩邊和腹端的肛門看起來像靈異附身,十分恐怖。土城(新北市)

攝影條件 F11 T1 ∕ 60 ISO200 自然光源

095
蝗蟲的天葬

直翅目｜斑翅蝗科

疣蝗 *Trilophidia japonica*

日期：98 年 9 月 26 日
地點：土城（新北市）

蝗蟲的六隻腳緊抱樹枝，牠是怎麼死的呢？昆蟲在生命終點，體力耗盡，最後都會掉落地面結束其一生。昆蟲的「葬禮」很簡單，對牠們來說生死來去匆匆，氣絲斷，躺下來任由蟲蟻搬離、分解。

但蝗蟲的死相很特別，第一次發現雜草的莖枝上都掛著蝗蟲，而且這些蝗蟲的身體皆呈現乾燥狀態，顏色泛黃，有些肢體完好如初，當時不解，以為是噴灑農藥所導致的後果，後

來越看越多，在不同的環境下也會看到，讓人有點驚愕，爲什麼牠們要用這種方式死亡？用「天葬」來形容這些小精靈並不恰當，牠們並不需要這個名詞，死對牠們來說是一種解脫，也許連解脫都不曾想過。原來這些蝗蟲是被一種眞菌所寄生，當眞菌逐步侵入腦部，會逼迫蝗蟲向高處爬，目的是有利於眞菌孢子的散播，所以當有蝗蟲受到感染，附近的其他蝗蟲也會受到更多危害。

黃脛小車蝗也被真菌寄生，致使其爬到草的端部。獅額山（台南）

主 題 延 伸

紅脈熊蟬遭真菌寄生，菌絲從體節縫隙長出來，乍看像似白色斑紋，以為是特殊種類，事實上牠是被寄生死亡。這種病變也發生在其他昆蟲身上。當孢子繁殖飄散，附近的昆蟲也會被感染，就像傳染病一樣蔓延。

拍攝地點／陽明山（台北）

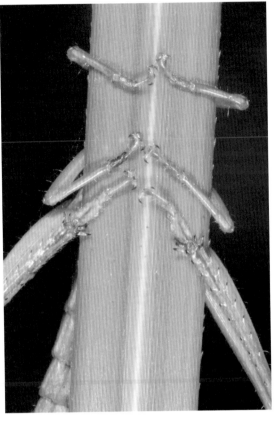

1
  2
3

1_ 台灣稻蝗也被真菌寄生，肢體完好，可能剛被寄生不久。四腳亭（新北市）
2_ 中國古史有「蝗一夕抱草而死」的記載：「在淮河流域的植物類中，也有殺蝗的草本植物……」，「宋州發現當地生長殺蝗的草本植物……」，這些傳說都不具科學性。四腳亭（新北市） **3_** 用「蝗蟲的天葬」來描述也許更令人動容，但究竟不是「天葬」，而是大自然食物鏈的一環。

攝影條件 F8 T1 / 100 ISO200 閃光燈補光

096
遇難的
端紫斑蝶

鱗翅目 | 蛺蝶科

端紫斑蝶 *Euploea mulciber*

日期：92 年 8 月 31 日
地點：安坑（新北市）

　　一對交尾的端紫斑蝶掉進蜘蛛網裡，翅膀還散發著紫色光澤，這張珍藏十多年的照片，當中畫面令人震撼且不捨。

　　端紫斑蝶幼蟲以蘿藦科、夾竹桃科及桑科榕屬植物為寄主，這些植物都會分泌大量乳汁，但幼蟲攝食時並不會中毒，反而是把這些濃縮的植物鹼儲藏在體內，做為防禦敵人的武器。蝴蝶的幼蟲具「警戒色」斑紋，成蟲也有醒目的藍、白斑點，對某些鳥類具有避敵效果，但

對蜘蛛的天羅地網卻起不了作用，最後還是誤闖導致雙雙掛在網上。

　　這對蝴蝶的恩愛模樣讓人無法相信牠們已經失去生命，但是蜘蛛並沒有將牠們吃掉，也沒用絲綑綁，據說蜘蛛會將絲剪斷以讓紫斑蝶掉落，但我沒親眼見過，不過倒是可以確認蜘蛛是不吃紫斑蝶的。這兩隻紫斑蝶的重量不輕，能吊掛住牠們的必定是大型種蜘蛛所結的網。我在觀霧林道見過不少橫帶人面蜘蛛，牠們的網架設在樹與樹之間，因此經常看到很多細蝶掛在網上。

　　除了結網的蜘蛛外，狩獵型的蟹蛛、高腳蛛、貓蛛也很可怕，牠們會躲在花朵裡，再出其不意的出來獵捕前來吸蜜的蝴蝶、蜜蜂，直接吸食牠們的體液後拋棄。

1 2 3 / 4 5

1_ 端紫斑蝶的藍、白斑是一種警戒色。瑞芳（新北市）**2_** 細蝶誤闖橫帶人面蜘蛛的網，有的展翅，有的合翅，被注射麻醉液後連掙扎的機會都沒有。大鹿林道（新竹）**3_** 黃蛺蝶前來吸蜜，被躲在花朵裡的蟹蛛獵捕。陽明山（台北）**4_** 黃三線蝶也被三角蟹蛛獵捕，翅膀張開，美麗的背後竟是死亡。二叭子（新北市）**5_** 附近還有一隻黃三線蝶停棲在大花咸豐草吸蜜，白色花瓣裡躲著一隻三角蟹蛛，還好蜘蛛沒出來攻擊。青雲路（新北市）

主題延伸

三突花蛛獵捕蜜蜂，雌蛛有白色、黃色、綠色等，腹部水梨狀；雄蛛較小，頭胸背板有2條褐色縱帶，體色會隨環境改變，常隱藏在花朵間捕食小昆蟲，不會結網，是一種狩獵型的蜘蛛。

拍攝地點／布洛灣（花蓮）

攝影條件 F5.6 T1 ／ 125 ISO400 閃光燈補光

097
藍彩細蟌的
天敵

蜻蛉目 | 細蟌科

藍彩細蟌 *Onychargia atrocyana*

日期：93 年 8 月 10 日
地點：雙連埤（宜蘭）

藍彩細蟌主要分布於宜蘭的雙連埤，但數量很稀少。十年前經友人告知藍彩細蟌的位置後，便計畫著前往一探究竟。來到雙連埤，心中有感這塊淨土彷彿世外桃源，整個山谷散發出的綠意讓人心曠神怡。一到目的地，我們就急著前往湖邊尋找這隻細蟌。看著湖面被風吹起一陣陣漣漪，周圍有好多藍色的細蟌在水面停棲，不過牠們都是葦笛細蟌。花了半天時間尋找，就是看不到藍彩細蟌的蹤影，正想放棄離開時，恰巧我家小朋友手裡拈著一隻藍色的

細蟌問我：「這是什麼？」我一看，啊！這不就是藍彩！頓時精神為之一振，在附近又找了起來，這次果然在草叢裡發現十幾隻藍彩細蟌的蹤影。

　　這些藍彩細蟌大部分都是雄蟲，雄蟲的腹部末端有藍色斑紋，後來我發現有一對雌、雄蟲正在聯結，趕緊將這畫面拍攝下來，才拍了三張，突然飛來一隻杜松蜻蜓，只見牠抓取其中一隻吃了起來。在這緊要關頭，我正猶豫是要救細蟌還是繼續拍照，但杜松蜻蜓獵捕的動作實在太快，待我回神時可憐的藍彩細蟌已經失去頭部，幾秒鐘後整個身體就被杜松蜻蜓吞下肚了。

藍彩細蟌，雄蟲腹端具藍斑。

主 題 延 伸

杜松蜻蜓習性凶悍，牠會獵捕體型比牠大的曲尾春蜓，並帶著獵物飛到隱密的樹林裡享用。小時候在我的家鄉有很多杜松蜻蜓，我們經常徒手去抓，一不小心就被牠的大顎咬到流血，可見蜻蜓的咀嚼式口器很發達。

拍攝地點／木柵動物園（台北）

1_ 終於發現一對藍彩細蟌,雌蟲腹端黑色,躲在隱密的草叢裡與雄蟲聯結。
2_ 突然飛來一隻杜松蜻蜓,一下子就把雌蟲的頭部吃掉。**3_** 可憐的藍彩細蟌,我眼睜睜看著牠被吞噬,心中突然感到一陣淒然。

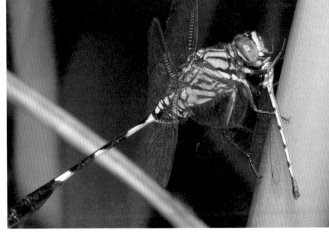

攝影條件 F8 T1 ／ 125 ISO200 自然光源

098
被芒刺卡住的昆蟲

蜻蛉目 | 珈蟌科

中華珈蟌 （南台亞種）

Psolodesmus mandarinus dorothea

日期： 96 年 10 月 23 日
地點： 青雲路（新北市）

　　昆蟲的世界布滿「天敵」，弱肉強食，一物剋一物，這是生態食物鏈中的自然現象，除了時時警戒外，誰也不敢保證不會碰到天敵。這些天敵多數來自捕食性昆蟲，其次是爬蟲類、鳥類和蜘蛛，還有寄生性的菌類，有些食蟲植物也會讓昆蟲掉入陷阱而死亡。一般來說，昆蟲與植物是和平共存的，因爲植物需要藉由昆蟲授粉以開花結果，但植物也很現實，當它需要時會展露花香以誘引昆蟲，不需要授粉時多半不太歡迎昆蟲。

　　有一年，我在家鄉的農田看到許多瓢蟲、金花蟲、金龜子被一種芒草的穗卡住而死亡，觀察附近的芒草，發現它們的花期差不多都已經結束，開始進入結籽階段，由於其端部具有芒刺，因此鞘翅目昆蟲的膜質翅多半會被卡住而無法脫困。

　　除此之外，我也曾在土城山區看到大花咸豐草，其瘦果具有芒刺，俗稱鬼針草。一隻中華珈蟌不小心觸及芒刺因而被卡住，其可憐的下場不僅僅是失去了自由，牠的頭部好像也被天敵吃掉，形成一股無語問蒼天的悲哀。

1 2 3
1 4 5

1_ 中華珈蟌，雌蟲具明顯的白色翅痣。北埔（新竹）**2_** 青銅金龜，不小心被禾本科的植物卡死，穗具芒刺，膜質翅一但碰到就無法脫離。水上（嘉義）**3_** 赤星瓢蟲也被這種植物的穗卡住而死亡。水上（嘉義）**4_** 被卡住的八條瓢蟲，附近的芒草花期都已結束，開始結籽。水上（嘉義）**5_** 我將受困的鏽象鼻蟲救起，但其後翅已破損。角板山（桃園）

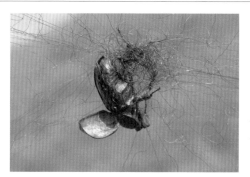

主題延伸

昆蟲的死亡有多種原因，其中來自於人類所造成的傷害最為嚴重，除了環境的破壞外，有些人在非農業或研究目的下抓捕昆蟲，或原本是想設置網子捕鳥，但卻造成誤闖的昆蟲受困其中而死亡（圖中為台灣巨黑金龜）。

拍攝地點／下巴陵（桃園）

攝影條件 F8 T1 / 60 ISO200 閃光燈補光

099
被寄生的九節
木長喙天蛾

鱗翅目 | 天蛾科

九節木長喙天蛾

Macroglossum heliophila

日期：97 年 12 月 11 日
地點：聖人瀑布（新北市）

長喙天蛾經常被誤認為是蜂鳥，其飛行靈活，能於空中快速拍翅吸食花蜜。由於牠的視力甚佳，飛行時速可達 40 ～ 50 公里，因此想要捕捉牠的身影並不容易。通常想趁牠吸蜜時稍微靠近一點拍攝，這時牠就會立刻轉向，其忽左忽右或旋轉的飛行讓人捉摸不定。

某次我發現一隻九節木長喙天蛾的幼蟲被某種懸繭蜂寄生了，這些寄生在天蛾幼蟲體內的繭蜂幼蟲成熟後會鑽出來吐絲。一隻隻像蛆般的幼蟲來到即將化蛹階段，會開始吐絲垂掛

在半空中，剛開始細絲很多條，最後會集結成一條，以讓這些幼蟲垂掛下來。我觀察一段時間後發現，原來這是懸繭蜂幼蟲將絲集中成一條粗壯的絲後，接著在末端一起結繭化蛹，形狀像似流星錘，垂掛在半空中。

多數懸繭蜂都以這種形態結繭，一個繭包含數十隻繭蜂的蛹，緊密而規則的結合，每一顆繭向外尖突，乍看像流星錘。羽化也在同個時間，可惜我沒機會看到牠們羽化，只知道懸繭蜂成蟲破繭羽化的出口都呈規則切裂，若破裂的形狀不規則，表示這個繭又被另一種姬蜂寄生了，稱為「重寄生」。

九節木長喙天蛾成蟲，牠喜歡在黃昏時刻出來飛行吸蜜。土城（新北市）

主題延伸

懸繭姬蜂的行為跟懸繭蜂近似，但懸繭姬蜂幼蟲不會集中在一起結繭，而是各自一條垂掛的絲，橢圓形的繭吊掛在半空中，白色摻雜黑色斑紋，很漂亮。

拍攝地點／陽明山（台北）

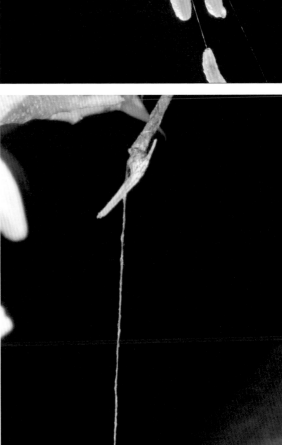

1　2
3　4
5

1_ 懸繭蜂從寄主的身體裡鑽出，吐絲垂掛在半空中。2_ 一隻隻像蛆般的幼蟲，其實已經老熟即將化蛹。3_ 懸繭蜂的幼蟲集結在絲的末端，一起結繭化蛹。4_ 懸繭蜂的繭像流星錘，破洞的缺口若平順，表示羽化正常。陽明山（台北）5_ 懸繭蜂的繭，破洞的缺口破裂，表示又被某種姬蜂寄生。甘露寺（新北市）

攝影條件 F16　T1 ／ 60　ISO100 閃光燈補光

100
小毛氈苔的誘惑

茅膏菜科（植物）

Drosera spathulata

日期：95 年 2 月 21 日
地點：陽明山（台北）

小毛氈苔是一種草本的食蟲植物，葉緣及葉面密布腺毛，能分泌黏液來捕捉小蟲，再以消化液分解獲得氮素，這是它開花季節為了防止昆蟲採食花蜜所設下的陷阱。小毛氈苔不需要授粉，能在葉緣長出小苗，利用葉片來繁殖。

小毛氈苔的生長環境位於裸露的山坡，我曾經在貢寮的山上和陽明山拍到不少照片。從微距的觀景窗觀察那球狀鮮紅的腺毛，彷彿一粒粒誘人的櫻桃，但誰知其中有詐，誤闖禁地

必死無遺。

　　據說這些腺毛具有甜美的氣味，能讓小昆蟲禁不住誘惑聞香而來，因此拍照時我特別留意它是如何進行捕食。原來，腺毛具有黏性，當獵物碰觸時就會彎曲，接著以黏液消化吸收被捕食昆蟲的養分，最後只剩下翅膀和軀殼，因此，有時在小毛氈苔葉肉上見到的污黑蟲屍都是這種食蟲植物的傑作。

　　仔細研究這些空殼，被捕食的昆蟲以螞蟻、蠅虻和蟋蟀最多，我曾看過一隻螞蟻受困其中，縱然牠使盡力氣掙脫，結果越陷越深，六隻腳和觸角甩也甩不掉。最後我便用枝條救出螞蟻，歷劫歸來的牠在清理黏液後，有氣無力的搖晃爬行，想必這是牠一生永難忘懷的夢魘吧！

1_ 小毛氈苔緊貼在地面，葉狀匙形，葉片展開如蓮座。貢寮（新北市）**2_** 葉片上具有會分泌黏稠液體的腺毛，顏色鮮豔。**3_** 若有昆蟲進入，小毛氈苔的腺體會自動彎曲，緊緊包住。**4_** 一隻螞蟻不小心闖入禁地，身體立刻被黏住出不來。**5_** 眉紋蟋蟀的若蟲也爬到陷阱裡，不能動彈，最後被消化分解死亡。

主題延伸

分布於中、高海拔的杜鵑，葉片上也具有腺毛，其端部的紅色黏液若不仔細觀察還真看不出來。兩隻死在葉片上的葉蜂屍體完整，原來牠將卵產於葉片組織，其實杜鵑才是最大的受害者，然而杜鵑的腺毛只能防止天敵入侵，並不具「食蟲」的功能。

拍攝地點／雪見（苗栗）

國家圖書館出版品預行編目（CIP）資料

嘎嘎老師的昆蟲觀察記／林義祥著 -- 初版 . -- 台
中市：晨星，2015.12
　　面；　公分 . -- (自然生活家；20)
ISBN 978-986-443-024-6(平裝)

1. 昆蟲 2. 昆蟲攝影

387.7　　　　　　　　　　　　　　　104010543

自然生活家O2O

嘎嘎老師的昆蟲觀察記

作者	林義祥（嘎嘎）
主編	徐惠雅
執行主編	許裕苗
版面設計	許裕偉

創辦人	陳銘民
發行所	晨星出版有限公司
	台中市 407 工業區三十路 1 號
	TEL：04-23595820　FAX：04-23550581
	E-mail：service@morningstar.com.tw
	http://www.morningstar.com.tw
	行政院新聞局局版台業字第 2500 號
法律顧問	陳思成律師
初版	西元 2015 年 11 月 6 日
	西元 2021 年 2 月 23 日（三刷）

總經銷	知己圖書股份有限公司
	台北市 106 辛亥路一段 30 號 9 樓
	TEL：（02）23672044／23672047　FAX：（02）23635741
	台中市 407 工業 30 路 1 號 1 樓
	TEL：（04）23595819　FAX：（04）23595493
	E-mail：service@morningstar.com.tw
	網路書店 http://www.morningstar.com.tw
郵政劃撥	15060393（知己圖書股份有限公司）
讀者服務專線	（02）23672044
印刷	上好印刷股份有限公司

定價 450 元

ISBN 978-986-443-024-6

Published by Morning Star Publishing Inc.
Printed in Taiwan

晨星出版有限公司　收

地址：407台中市工業區30路1號
贈書洽詢專線：04-23595820*112　傳真：04-23550581

晨星回函有禮，
加碼送好書！

回函加附 **60** 元回郵（工本費），
即贈送《花的智慧》乙本！
原價：**180** 元

f　晨星自然　🔍

天文、動物、植物、登山、園藝、生態攝影、自
然風 DIY……各種最新最夯的自然大小事，盡在
「晨星自然」臉書，快來加入吧！

晨星出版
Morning Star